赢在人生转折点

木 易◎主编

北京工艺美术出版社

图书在版编目（CIP）数据

赢在人生转折点/木易主编. — 北京：北京工艺美术出版社，2017.8
（励志·坊）
ISBN 978-7-5140-1198-2

Ⅰ.①赢… Ⅱ.①木… Ⅲ.①成功心理－通俗读物 Ⅳ.①B848.4-49

中国版本图书馆CIP数据核字（2017）第029998号

出 版 人：陈高潮
责任编辑：张怀林
封面设计：天下装帧设计
责任印制：宋朝晖

赢在人生转折点
木易 主编

出　版	北京工艺美术出版社
发　行	北京美联京工图书有限公司
地　址	北京市朝阳区化工路甲18号 中国北京出版创意产业基地先导区
邮　编	100124
电　话	(010) 84255105（总编室） (010) 64283630（编辑室） (010) 64280045（发　行）
传　真	(010) 64280045/84255105
网　址	www.gmcbs.cn
经　销	全国新华书店
印　刷	三河市天润建兴印务有限公司
开　本	710毫米×1000毫米　1/16
印　张	18
版　次	2017年8月第1版
印　次	2017年8月第1次印刷
印　数	1～6000
书　号	ISBN 978-7-5140-1198-2
定　价	39.80元

目录
CONTENTS

parts 01

努力才是人生的态度

parts 02

坚持下来，才能赢到最后

目录
CONTENTS

parts 03

磨难锻造成功的特质

parts
04

生命充满奋斗和辉煌

目录

CONTENTS

parts 05

学会释然，人生才会坦然

努力才是人生的态度

人类最大的敌人是自己，

发挥自己最大的潜能，

赢了自己，

才能赢了别人，

所以战胜你自己

比战胜他人更为重要。

战胜了自己，你将战胜一切

在通向成功的人生征途中，必定会荆棘丛生、困难重重。当你走在这条征途上时，是否会因为遇到困难而畏缩不前？是否会因为遇到挫折而自暴自弃？成功始于自信，这个道理人人皆知，但并非人人都能做到。试问：当艰巨的任务摆在你面前时，你能够充满信心地勇往直前吗？当经受了许多次挫折后，你仍然能对自己可以达到目标的信心毫不动摇吗？当周围的人都瞧不起你，认为你是个“废物”“无能之辈”时，你仍然能坚信“天生我材必有用”吗……

莎士比亚曾说：“假使我们自己将自己比作泥土，那就真要成为别人践踏的东西了。”很多的时候，我们总是不敢相信自己，总是认为别人比我们要强很多，一件事情要得到别人的肯定才能放心。我们羡慕着别人的才能、幸运和成就，同时，我们最大化地浪费着自己。

人不可能事事顺利，一路走来，留下脚印，能找到来时的路就好。人能赢了自己比赢了别人重要许多。

在很多时候，一个人在成功路上的最大障碍恰恰就是自己。因而，你应该努力学会清除前进路上的荆棘。自私自利、贪图安逸、傲慢无礼等都是阻止你前进的障碍；怯懦、怀疑和恐惧则是自己最大的敌人。所以，你要时时警惕自己身上的弱点，拥有了征服自己的勇气，就能征服一切困难。若是你不战自败，那你就彻底陷入失败的沼泽中了。此时，你输给的不是别人，而是自己。

人生最强大的敌人就是自己，最大的挑战就是挑战自我，自信方能自强。只有自信才能做到知难而进，才能有临渊不惊、临危不惧的英雄本色。很难相信一个连自己都不敢肯定的人能够得到别人的认可，只有真的相信自己，才能够得到别人的信任，也才能够创造出自己事业上的奇迹。

在小泽征尔舞动着魔幻动感双手的瞬间，音乐的灵魂已经站在了我们面前。

1994年，著名指挥家小泽征尔回到出生地沈阳，他决定指挥辽宁交响乐团上演《德沃夏克第九交响曲》。第一天，在排练完第四乐章快板后，小泽的脸色骤然沉了下来，他紧皱眉头，低沉地自语道，怎么会这样？这样的乐团怎么去演出？忽然，他将指挥棒重重地敲了一下乐谱架后说，从明天起，我们进行个人演奏过关训练。这等于在说，每个人需要从基本功开始训练。这绝不是大师级指挥家做的事。

这时，等候在演练厅的地方官员要与他商量安排接见和宴请的事宜，小泽一一谢绝。他说，我这次来只有一个目的，就是送给沈阳市人民一台满意的交响乐演出。我不想见任何与音乐会无关的人。此后，他每天训练6个小时。到了第三天下午，小泽实在太疲劳了。他先是蹲在地板上指挥，后来，干脆就跪在地板上指挥，脸上的汗水挥洒在乐谱和地板上，他一次次地纠正第一小提琴手，可还是难以过关。

望着大师被汗水浸透了的头发，一脸的疲惫，第一小提琴手心中难受极了，她先是流泪、抽泣，后是失声哭了起来。“大师，对不起，您另选他人吧，我不行。”

在场的人都以为大师会发火，不料他却十分平静地说，你行，只差一点点，请再来一次。当她拉完一遍，大师点点头说：“谢谢，请再来一次好吗？”就这样，当第一小提琴手过关时，她已经泣不成声。

大师大口喘息着接过毛巾笑着说："你们都行，谁也没有理由泄气……"除了天分，小泽拥有更多的是勤奋。日本作曲家武满彻曾经在小泽寓所住过一段时间，目睹了大师的勤奋，他说："每天清晨四点钟，小泽屋里就亮起了灯，他开始读总谱。真没想到，他是如此用功。"

原来，小泽从青年时代就养成了晨读的习惯，一直坚持到今天。"我是世界上起床最早的人之一，当太阳升起的时候，我常常已经读了至少两个小时的总谱或书。"小泽说。

别人认为你是哪一种人并不重要，重要的是你是否肯定自己；别人如何打败你，并不是重点，重点是你是否在别人打败你之前，就先输给了自己！唯有时刻坚信自己，才能战胜灵魂深处所有的弱点，始终立于不败之地。

我们生活在竞争如此激烈的社会中，与天斗、与人斗，每个人都想获得胜利、出人头地。但是，经过多少次的失败，我们才真正地明白，那个最终使我们受伤的强大敌人，深深地隐藏在我们自己的心中。这个世界上真正能够打败你的人，唯有你自己。人类最大的敌人是自己，发挥自己最大的潜能，赢了自己，才能赢了别人，所以战胜你自己比战胜他人更为重要。战胜了自己，你将战胜一切！

只有不断行动，才能更快创造火花

如果你希望这辈子可以过得平淡无奇，那么就让自己的行动越少越好。因为只要你不做某些事，有很多事情就不会发生，就不会发生可能会令你讨厌的事情，但同样地，那些原本可能会发生的好事也不会发生了。

回想一下，自己是否曾经在做了某一件事之后，再去做另外一件事时，最后发现先前做的那件事原来对自己后来做的那件事有点帮助。

人生就是这样无法预期，很多原本你觉得没什么用的事情，在某个关键时刻，居然成了你的救命良药，如果当初没有行动，或许就无法得到现在的帮助。

当你人生的某几件事，前后产生关联的时候，就使你的人生产生了火花。所以，产生火花的关键就是不断行动，因为你永远不知道自己做过的哪些事会在未来帮你一把、救你一命。

[人生要多学一点]

同样的火花也发生在阅读上，人生要多学一点，因为你永远无法知道今天学的东西，可能在未来的某个关键时刻，成为指引你道路的明灯。

知识跟知识之间也可以产生火花，当管理碰上创业就变成一件好玩的事情，一个创业家在周末的时候选择去报一个管理课程，他所学到的管理知识就有机会在他创业的路上替他制造火花。

他可以将管理技巧、知识等落实在他的创业中，解决所碰到的问题。

一个养成阅读习惯的人，很容易时时替自己制造火花，因为他脑中有很多知识可以让他发挥，一个人的知识越多，就越知道什么事情行得通，什么事情行不通，当你替自己制造越来越多的火花，就越容易攻克难关，创新就是这么来的。

[人际关系也可以创造火花]

你永远不知道谁会在未来某个时间点帮上你一个忙，别吝啬，主动一点去认识你想认识的人，因为对方有可能在未来某个时候成为帮助你的贵人。

[行动是创造火花的关键]

不管是做事也好、阅读也好、学习也好、主动认识别人也好，都出自于行动。因为行动才能创造火花，没有行动什么都不会发生，人生也会变得平淡无奇。

因此，告诉自己，不断行动、不断行动。每个人每天都有二十四个小时，但是你真正把握住的时间只有你充分利用的那几个小时而已。

有些人一天可以充分利用十二个小时，而有些人却只能充分利用2~3个小时，这在未来便造成很大的差距。

只有不断行动，才能更快创造火花，不断创造火花。当你创造越来越多的火花，就有可能产生某个人生转折点，将你带到下一个人生更高的阶段。

别对生活失望，只要你在努力

说起来，我跟尹良认识也有十多年了。她的父母是憨厚诚恳的老实人，在菜市场里卖着新鲜可口的果蔬。我最记得她家卖的腌李子，酸甜恰到好处，非常好吃。当时，尹良念着当地最差的一所小学——大部分的学生到了六年级还拼写不出26个英文字母。每年小学升初中考试，这所学校的学生表现都极其差劲，没几个人能考上像样的中学。在她六年级的那一年，区里新开了一所外国语中学，招第一届学生。因为招生数量很多，录取比率很高。即使是这样，尹良那所小学共50多个人参加考试，只有她一个人考上了。

事后回忆，尹良说，能考上外国语中学真不是自己聪明，而全是因为她爹舍得花钱。当时，他听几个来买菜的顾客说，我们区一年后要搞外国语中学。小孩子读好英语，以后能赚大钱。他爸在家琢磨后，觉得有道理，立刻跟人借了一万块钱，给女儿报了奥数班，英语班，还有吹笛子。在没日没夜地补习后，她从认不清26个英文字母，终于学到了正常小学生应有的水平，顺利地考入外国语中学。而她的好朋友陈同学，则没那么幸运了。

陈同学是一位极有抱负的孩子，虽然家境差，但自小学一年级开始他就决意考清华北大，当工程师，过上体面有尊严的生活。他写字好看，作业本干干净净，教科书从来不卷边。尽管念了一所挺差的初中，他并没有放弃——每日六点起背课文，睡前必抄牛津字典。初二的时候，尹良与陈同学谈恋爱，据说后者常年批评前者不上进，缺乏宏伟志向。然而，在中考时，尹良顺利地直升了本校的高中部，而陈同学仍然没考上重点高中。再然后，就是一个去了二本，一个去名校读了数学。

每逢我们谈论起两人的命运，尹良都觉得“其实聪明程度差不多，区别是陈同学要努力很多很多”。尹良的优势是，在关键的时候去了一所好学校，获得良好的教育资源。在外国语中学，学校为学生提供小班制英语教学，与此同时，她也有机会接触到其他的小语种。对比起陈同学读的那所学校，教学质量高的不只是一个等级。陈同学一直是年级前十，但比起重点中学的孩子，他仍然差的很多很多。由教育资源所造就的鸿沟，随着时间的增长越来越大。

我跟尹良的另外一个朋友——树兄，他认为陈同学最大的问题是不够努力。树兄是就读美国名牌商学院的男子，喜爱拿自己的例子来教育大家。他爱说自己雅思曾仅有5.0，但凭借个人奋斗，去了名校读会计。而他绝不会告诉别人，在申请阶段，他报的是2000块钱的1对1的VIP辅导服务。论勤奋程度，陈同学绝对在我们几人之上——每日凌晨5点开始学习，8点钟出门上班，加班加到12点，回家还要读一个小时的书或者听公开课，连续坚持了许多年。然而，年近30岁的他，仍然漂泊在北京，没有房子，没有车子，月入6000元；不敢出国不敢娱乐，甚至不敢恋爱。或许在北京，如他一般的年轻人，多得数都数不过来。

前些天的时候，有一位女生，家境不好，三本毕业，北漂4年，对未来的生活充满迷茫，在长长的信里结尾写道：“穷人家孩子的出路到底在哪里呢？”这种问题，令人很难回答。我自己身边的那些寒门贵子，无一例外地都占据超越常人的运气、天赋、行动力，并且都早早地进入人生的转折点。

至于那个女生提出的问题，我想了挺久的，非常认真地想，最后只是给她简简单单地写一段，跟她说，但愿她不要那么早对生活失望，尽量保持生活热情。但愿她能遇到合适的机会，如果遇到的话，一定要好好抓住不要错过。

走向成功的路
都不是轻松的

计程车的司机抱怨说台北市的计程车起跳金额比别的县市低，路上又这么多计程车，人家有车队在跑，他没有。他说，真的很难赚钱，全家五口人总要有人睡到地板上才睡得下，这样每个月、每个月地赚钱怎么够？

他话锋一转，问："你做什么的？"

我答："电脑公司的业务。"

我每次都自称这样，比较好答。

没想到司机说："我也做过电脑业务！"

我吓一跳。

"你也知道，计程车开久了，脑筋钝了啦，很难找工作。"他说，"去年有一个朋友介绍我去他公司做业务，唉，累死了，每天到这个时间还在和客户谈，不能回家。"

我瞄了一眼时钟，现在是晚上九点，真的有点辛苦。

"后来有人介绍我去光华商场卖东西，也很累。"司机见我兴趣盎然，继续讲，"我跟你讲！我还做过门口的泊车小弟，我刚从学校出来第一份工作是什么你知不知道？是帮酒店顾门的服务生的啦！"

重点来了，他说。

"那些都'累死了'啦，到最后，还是开计程车又自由又愉快！"

但他又不断说，他快要饿死了，没办法买房子，全家都睡到地板上去了……

我突然想起一件事。

之前有一个学弟，一直做得不太好。

“我很羡慕你们，因为，我一直没有碰到贵人。”他说。

后来有一个同学，聘请这位学弟进入他的公司！

我很欣慰地想：“现在你总算碰到贵人了吧！”

但三个月后，同学跑来告诉我，这位小学弟啊，还没进来三个月就觉得“太累”，辞职了，现在已经不在他们公司了。

计程车司机、那位不遇贵人的学弟都是基本状况不佳，但是，当他们得到了一个新的“机会”，却都因为“太累”而决定放弃那个机会。

那是什么烂机会？他们心里一定在这样骂。

然而我就在想，或许，好机会总是累。

为什么？

因为：

1. 新的东西，你一定是不熟悉的。

2. 你本来就在转行，所以更不熟悉。

3. 这机会本来就不是你的原有高度，才叫好机会，所以更不熟悉。

4. 刚进去的员工一定被操练，所以会累。

我想起一句话“明知山有虎，偏向虎山行”，用在职场就是“明知它很累，偏去累自己”，因为它可能是一个好机会。

健康第一，未来过好日子也很重要！所有的打开未来好日子的“好机会”看起来都很累！这是我想和那位司机讲的。

别限制了你人生的多种可能

为了做有效的生命潜能管理，从消极变为积极，你必须了解人生的最终目的。你到底想要什么？一生中哪些事对你而言是最重要的？什么是你一生当中最想完成的事？或许，你从来没有认真思量过……

生命潜能管理就是以有系统的方法管理自我及周边资源，达成人生的目的。成功者与失败者的差别是，成功者能够自我管理、激励，并且做有效的时间分配，而失败者则不然。处理事件需知轻重缓急，依危机事件（重要而紧急），高生产力事件（重要而不紧急）等优先顺序来解决。

[生命潜能的必知问题]

为了做有效的生命潜能管理，你必须了解人生的最终目的是什么。你到底想要什么？一生中哪些事对你而言是最重要的呢？什么是你一生中最想完成的事？或许，你从来没有认真思量过，然而，如果不知道这些答案，你的生命将如同不知道停泊港口的船只一样，只能在苍茫大海中漂泊。

以下的问题是世界上的著名成功者都思考过的，他们最终也都得到类似的答案，如果你也能一一找到答案，你将有效地激起自身令人惊异的生命潜能。

问题一：我生命的意义，即生命的目的在哪里？

人在世上若想快乐，必须感受到自己存在的重要性，如果连生命的目的都不清楚，则会盲目一生，失去努力的方向。做每件事知其意义，就容易找出好的方法去实践。请仔细思考并一再自问，这是非常重要的问题。

问道二：我是谁？我想要成为怎样的人物？

你必须找到自我，明确自己想要成为怎样的人。许多人十分努力，并认为当自己达到某一目标，如买房子，结婚生子，赚一千万时就能快乐，但通常这些努力的过程都十分痛苦，达成之后的快乐却十分短暂。忠告你一个事实：不管你得到任何东西，都无法让你持续快乐！能持续快乐的条件是你成为自己理想中的人。而幸运的是，人类已有伟大发现，就是人们能借助思考转变成为自己理想中的人物。这个问题的答案可以有很多个，你可以设定多个自我形象。

问题三：我有哪些价值观和信念？

一般人的价值观形成依赖于他的生存环境，而人们通常透过价值观和信念（也就是观念）来做决定，依此产生行动和结果。因此，做决定只是价值层级的分配，所谓价值层级即是哪些事比较重要，哪些事不重要等。在我所开设的“与成功有约”课程中，专门指导学员找出生命意义，找出想成为的理想人物，重新建立价值观与信念，由自己设计生命的架构，而不是让环境不断地影响你。通常，上完研讨会的学员，80%都有类似转折点的突破，可想而知找出生命的意义对一个人有多重要。

问题四：我一生的策略是什么？

你要用什么方法来实现生命意义，成为理想中的人，找回价值观和信念，找回生命的原动力？

问题五：今年的五大目标是什么？

问题六：目前的短期目标有哪些？

问题七：每天所要实行的行动有哪些？

以上问题的答案都可以不断地修正。

以下是我本身的一些基本范例。

生命的意义：

两年前的生命意义：成为有爱心的人，把爱带给别人。

调整后的生命意义：成为全人类平衡式成功发展的典范，并且激发个人，让他们活出理想，促进世界大同，创造更美好的世界。

最近在经过调整后，我生命的意义是：不断提升及创造卓越的生活及生命价值，协助全人类迈向平衡式成功。

我是谁？

1. 我是一个化不可能为可能的人。

2. 我是伟大贡献的来源。

3. 我是明日的答案。

4. 我是现代人的奇迹。

5. 我是现代的奇葩。

6. 我是人类的希望。

7. 我是黑暗中的烛光。

8. 我是成长的催化剂。

9. 我是人们最诚挚的朋友。

10. 我是生活的艺术家。

价值观：

健康、活力、爱与温暖、感恩、快乐、平衡、进步、奉献、卓越、尊重、付出、分享。

信念：

1. 活到老学到老。

2. 现代人的榜样。

3. 我永远模仿卓越。

如果你能把以上问题的答案写得愈好，则你的潜能就会更有效地激发。你也可以将以上问题运用到其他方面，则可全面激发自身潜能。即在工作、感情、身体方面都问同样的问题，写出类似金字塔图形的答案。

再以我为例：

例一：

工作目的：不断地赋予人类价值，帮助他们自我突破，因此使他们能创造出自己想要的生活。

我是谁：教别人如何成功的教练。

价值观：诚实、服务、效率、尊重。

信念：我永远寻找更新、更好、更快的方法来创造出更好的结果。

例二：

身体目的：示范威力、活力及平衡。

我是谁：世界级的运动员。

例三：

财富目的：不断成长发展，帮助那些比我不幸的人，帮社会建立更好的环境。

我是谁：1. 我是带动慈善事业的巨人。2. 我是创造美好经验的艺术家。

价值观：成长、扩大、美好、分享、给予。

信念：1. 成为世界上最棒的教育家。2. 我是将周围环境变成艺术品的生活艺术家。

策略：每月捐出10%的收入。

例四：

感情目的：分享经验，鼓励支持对方，创造理想的团队为社会做更多的事。

我是谁：1. 我是个浪漫的人。2. 我是个模范丈夫。3. 我是个温柔体贴的人。

价值观：信赖、浪漫、惊喜、尊重、分享。

信念：我永远尊重对方的感觉。

策略：我不断让对方知道她是最重要的，不断支持她做的事，不断把我目前的状况分享给对方，一同分享生命。

依照范例，你也可以在各方面列出自己的金字塔，明确知道自己的方向。

[追求型价值观及逃避型价值观]

价值观分为间接性价值观和结束型价值观。间接性价值观常以名词来表现，结束型价值观则为一种感觉，而我们要设定的人生价值观是结束型价值观。

例如，若问一个人在一生中最重要的是什么？他给你的答案是名词，如家庭，事业等，则为间接性价值观。如果他的答案是一种感觉，如快乐，卓越等，则为结束型价值观。结束型价值观又分为追求型价值观及逃避型价值观。

以下再以我自己作为范例。

两年前的价值观：

追求型价值观：自由、成功、爱、兴奋、快乐、奉献、安全感、刺激、健康。

逃避型价值观：压力、无聊、孤独、不一致、被拒绝、身体疼痛、疲倦、争执、尴尬、被批评。

从以上价值观中，你可以判断这个人每天的生活步调，他的优点、瓶颈及待突破之处。

既然无法不冒险地活着，不如早点奋斗

人生就是这样，和阳光的人在一起，心里就不会晦暗；和快乐的人在一起，嘴角就常带微笑；和进取的人在一起，行动就不会落后；和大方的人在一起，处事就不小气；和睿智的人在一起，遇事就不迷茫；和聪明的人在一起，做事就变机敏。学习优秀的人，做最好的自己。

人生就是这样，得失无常，凡是路过的，都算风景；能占据记忆的，皆应珍惜。等走远了再回首，我们才发现，挫败让人坚强，别离令人珍惜，伤痛使人清醒。你只有从过去中转身，幸福才会在明天迎接你。

人生的弓，拉得太满人会疲惫，拉得不满人会掉队。把人生当旅程的人，遇到的永远是风景，淡而远；把人生当战场的人，遇到的永远是争斗，激而烈。

人生就是这样，你选择什么就会遇到什么，没有对错之分，只有能否承受。

我们一生中烦恼总是太多，人生就是这样，越是刻意躲避，越会被折磨得痛不欲生，而当我们用顺其自然的心态去面对时，却发现其实没什么，只是自己不甘心而已。

一只母鸡生蛋了，可她生了10只，被拿走了9只。她很生气，发誓要少生蛋，因此越生越少，直到有一天，她不再生蛋，看到主人失望的脸，她很高兴！可她没想到：一只不生蛋的鸡，注定要先被吃掉。于是，她变成了鸡汤和鸡肉。有时人生就是这样，你必须学会正确的付出，才会给自己更多生存的机会。

人生就是这样，耐得住寂寞，才能守得住繁华。每一个优秀的人，都有一段沉默的时光。那一段时光，付出了很多努力，忍受孤独和寂寞，不抱怨不诉苦，日后说起时，连自己都能被感动。

心若计较，处处都是怨言；心若放宽，时时都是晴天。人生就是这样，有时行为是心灵真实的体现，有时却不是，不是所有的阴天都会下雨，也不是每次的伤心都会流泪。人生总有无奈，这就是生活。

人生就是这样，一条路充满了分岔和转折，我们走走停停，不断做出选择，不到最后一刻，谁也不知道最初的选择是对还是错。我们唯一能做的，是尽量听从自己的内心去做选择，这样，即使走错了，也不会后悔走过那样的路。

人的一生，不要指望谁能够永远不冒险。既然无法不冒险，几十年的人生，那您还怕什么呢？再不拼搏就老了！

你有多努力，就会有多自信

因为要招聘的原因，我会跟很多在校生、应届生、工作几年的人交流。在跟不同年龄的人接触的过程中，有一个事实让我感到可惜——从离开学校的那一天起，很多人就失去了继续学习的意识。

学业结束，心安理得地过上“自己赚钱自己花”的自由日子，然后过两年，发现这个行业没有晋升空间，转行又缺乏经验，于是再待上两年，又没有积累到新的经验，却把胆子养小了，把习惯养懒了，雄心壮志也就泯灭了。这就掉入了一个负循环，因为没有机会而没有经验，又因为没有经验而没有机会……

对于一个学习能力强的人，循环恰好相反，因为学习而获得经验，因为更多经验而获得更多机会，因为更多机会而更开心地学习……说起来很教条，但你会发现身边充满热情的人，往往在这个正循环里，而天天抱怨吐苦水的人，通常处于负循环里。

对于我来说，学习是一件有趣的事情，它不是复习计划，而是一次又一次的征服和探索。譬如，坚持用Photoshop去修图而不是用美图秀秀，遇到问题去百度、维基百科查询，坚持看只有英文字幕的电影，我真的在这些事上获益良多。

[大部分的学习，是从模仿开始]

我大学读的是工科，因为喜欢看美剧，而被报社招聘了，同时被安排了一个任务，写一篇关于美剧《广告狂人》和职场相关的稿件。然而，我从来都没有写过超过2000字的文章。

于是，我翻出了这个职场专栏之前所有的文章，研究一篇5000字文章的结构。最后，我找到了模仿对象，终稿的段落数跟样板完全一样，开头铺陈，中间分论，再来个转折都是一样的。这就是我的第一篇稿件，它没有经过大改就发表了。

看起来很顺利，但如果没有模仿对象的话，我是写不出一篇符合要求的稿件的。我更可能是一个人呆呆地坐在电脑前，看完一篇又一篇的资料，不知从何开始，打字又删掉，然后开始抱怨没有人教我，或者向主编推托“我都没写过”。

这只是个很普通的经历，但几年以来，它形成了一种信念，每一次遇到从未做过的事情，使我可以始终保持淡定，找到模仿的对象，在这个基础上修改和发挥。

[你的同龄人往往就是你的老师]

大人物的成功都有着时代背景的原因，但同龄人不同，我们经历的是同一个时代，我们受到的阻碍和启发都非常相似。所以每一次当我遇到比我优秀的同龄人，我都会问自己：为什么我没有达到人家的成就，为什么我没有做到，他是怎么达到的。

也因为互联网的存在，那些优秀同龄人的辨识度非常高，去了解他们在不同时期的想法，借鉴他们最终解决问题的方案，是一个非常好的学习过程。我的方法是，成为他们微博和博客的常客，反复思考他们面临的困境，反复理解他们所做的决策。通过这样的思考，将他们的经验转化为自己的经验，将他们犯的错误用来警惕自己，磨砺自己对人生大方向的判断力。

当你一个人在奋斗的时候，跟同龄人交流，向同龄人学习，更容易找到参照物，找到老师，排解孤独，破除不必要的迷茫。

[不要对老师要求太高，老师只是帮你入门，进阶要靠自己]

对于我来说，真正把我引进门的老师，在那个领域未必是最优秀的，只是他刚好懂一点，也刚好愿意分享，也刚好在我想学的时候出现了。

我记得，我第一次接触社交媒体，懂得社交媒体的所有概念和意义，是因为一个所谓的“营销导师”。他组织了一个沙龙，为了拓展他的客户，他当时说的很多社交媒体的观点，震撼了我很久。现在回想，这些观点不无夸大。但就是这一次沙龙，对一个还没毕业，从未接触过互联网世界的女生来说，已经足够脑洞大开的了。

再举一个例子，我是通过很正规的培训班学的化妆，但我的老师只是告诉了我化妆的整个流程，他们的精力大部分都投在怎么向学生兜售化妆品。最后，我学会了化妆，并且有了化妆师的身份。

这不是为了说明我有多牛，而是说老师往往只是帮助你入门，进阶是要靠自己的。不要认为跟着一个平庸的老师就学不到东西。

[自信，是通过学习得来的，跟性格无关]

很多很多的人，认为自己不自信，认为这是一种性格缺陷。你遇到困难就退缩，你面对新的情况就束手无策，这不是缺乏自信，而是缺乏学习能力。

对于我来说，自信不是与生俱来的，而是在艰难的学习中，一次又一次征服了新领域，逐渐形成的一种“自己能行”的信念。自信，是由一个又一个里程碑确立起来的，是由一次又一次的“死磕”之后得到承认支撑起来的。没有自信，很多时候只是一句借口。

学习再学习，这是我对自己打气，也常常跟团队共勉。我以前以为创业是靠拼搏实现的，但更多时候它是靠学习和等待实现的。学习一件没做过的事情，然后，等待它被做得越来越熟练，越来越精彩。

想要活得精彩，就要足够努力

许多女人在追求成功的道路上，总是患得患失。她们既担心被别人视为弱者，又担心“成功”后没了女人味。其实，这种担心是多余的，身为女人，可以不做“强人”，但一定要做强者。

这好比自然界中的太阳花与菟丝花，虽然这两种花都很漂亮，但生活习性迥然不同。

太阳花的生命力很强，即使你把它掐断再种到另一个地方，它也能活下去，而且温度越高，生长得越快。菟丝花呢？虽然活着的时候，缠缠绕绕，妖娆多姿，可一旦离开了依附的树枝，就无法生存了。

如果把这两种花，类比为女性中的强者和弱者，那么成功女人之所以成功，是因为她们从来不依附于他人，在别人说她不具备条件时，也绝不放弃努力，相信只有行动才能把人生引向成功，即使有点灰心，也绝不后退。相比之下，那些从来没有独立意识，从来不懂得依靠自身力量去发展的女人，注定只能成为自然界中的菟丝花，一旦失去依附，就无法生存了。

所以，对于女人来说，不管到了什么时候，什么年龄，都不可以失去自我。不仅在经济上要学会独立，在精神上更要充实自己。这样，即使你身处逆境，仍然不会失去追求的动力和进取的意识。

南方一家颇有名气的青年刊物，隆重地推出了一篇报告文学——《告诉你一个真实的安子》，使人们再次聚焦20世纪90年代初期民工潮中出现的新女性。

那年，17岁的乡下姑娘安子，初中没毕业，怀揣着希望和茫然，独自一人从广东梅县来到深圳。像成千上万打工妹一样，安子在一家港资电子厂成了流水线上的插件工。插件工作枯燥苦累，一天工作12个小时，没干多少天，手指上便是一团团黑黑的瘀血，十指连心地痛。但在繁重打工之余，安子还是用学习来充实自己的每一天：从自学初中课程，一直到深圳大学中文系大专课程，打工7年间，安子坚持自学了6年半。7年的打工收入，几乎全交了学费。

1991年，安子在打工之余，将打工日记加工创作成《青春驿站——深圳打工妹写真》在报纸上连载。这些日记经过连载后，反响空前热烈，读者的信件如雪片般飞来。她曾经在一个星期内，收到200多封信。随后，由安子创作的《都市寻梦》等文学作品相继面世。深圳广播电台也力邀安子主持“安子的天空”。数以万计在都市寻梦的进城务工青年，渴求在这片天空中获得心灵的慰藉。

在不到8年的时间里，安子由一个普通打工妹完成了“蜕变成蝶”的全部过程。今天的安子，是4家公司的总经理，其中“新家政服务公司”是深圳规模最大、最规范的10家同类企业之一。

面对众多的评论，安子坚持认为，她从来没有想过要做一个女强人，也从来不以女强人自居。安子认为，她的成功是靠努力一点一滴积累而成的！她说：“时代给了我机会，而能抓住机会，是因为我付出了太多泪水和汗水。我可以不做一个女强人，但一定要做强者。因为，女人和男人一样，都必须懂得为自己的人生打拼，否则就有可能被时代所淘汰，成为一个名副其实的弱者。”

曾有人说过，女人若想活得精彩，就一定要生活稳定而内心不稳定。内心不稳定，意味着有创造与创新的能量，有改变与发展的活力，可以不断地充实自己、完善自己，使自己的境界不断提升，而且可以通过努力不断享受更舒适、更精致的生活。生活稳定，则是有一份属于自己的工作。

在接受别人施舍的同时，可能会得不到别人的尊重，即使那个人是你的丈夫或者男友。人生就一次，年轻就一次，作为女人，努力让自己活得精彩是必需的，所以女人拥有自己的事业也是必需的。

如果一个女人拥有自己的事业，不管这份事业是大是小，你就拥有了生命的支撑。重要的是，你的事业不会抛弃你，你的付出与所得，很多时候是成正比的。你所有的辛苦与汗水，可以积累为经验与智慧，陪你终身，使你的投入不断增值。

要成为强者首先要具备以下几点：

1. 在做任何一件事之前，要用“能够”代替“不能”，这足以排解你遇见的95%的难题。

2. 树立新的生活态度，增进成功的可能，用“决心”代替“试试”。

3. 忘掉失败，相信失败仅仅是成功路上的一段插曲。

4. 每天给自己列出要求和希望，拟定出要完成它的决定性因素。

5. 多向成功者学习。订好自己行动的第一个步骤。

6. 要不断给自己正面的暗示：“我想要——我能。”

7. 想象自己完成一个工作的情景，表明自己的自信。

8. 多与别人交流，帮助你克服畏惧心理。

9. 当别人跟你谈到他们的问题时，你要给予积极的反应，对自己的问题要集中精力解决。

10. 集中你的全部能力，全神贯注于当前要完成的目标，做到有始有终。

每个努力的人都值得尊重

我曾经和一个二十几岁的男孩租住在同一个屋檐下。

因为一次同时的晚归，我们有机会坐在客厅里喝光他那瓶爱尔兰奶油威士忌，借着月色和酒意，他和我讲起他在新西兰的奥克兰度过的全部青春。

他的高中和大学，是在逃掉一半课的情况下度过的，到朋友家打游戏，在酒吧里喝酒，去俱乐部鬼混，后来有了女朋友，就带着她到电影院和西餐厅，花光父母寄来的每一笔钱。毕业之后，女朋友忍受不了南半球的寂寞，回国去过公主般的日子；他留下，在朋友开的公司里做一份饿不死的工作，每天睡醒了去上班，累了就回家，没有限制，十分自由。他对这种生活比较满意。

他的房间，门始终敞开一半，从里面飘散出的腐烂味道，分不清是太久没洗的衣服还是碗筷。桌子上摆着一台巨大的电脑，从里面传出来的声音是关于现代人穿越到古代的游戏。他的被子永远是没有叠起的状态，在床中央揪起一个帐篷的形状，地板上散放着喝了一半的瓶装水。有一次在厨房里碰到他在洗咖啡杯，看着他笨拙的姿势，我突然觉得有点难过，为那股沉淀了太久的霉菌味道，也为他的生活。

我和他讲，现在是学校放春假的时间，我在打三份工……

他没有耐心地听完我的故事，他说："我觉得你那件衣服穿得太久了，该换了。"

那时的我，为了攒出每一个学年的学费，除了上课，就是在几个街区外的餐馆打工，有的时候帮朋友去大楼里的办公室打扫卫生，一辆破破的小尼桑永远开在赚钱的路上。很多个夜晚，从打工的餐馆回到家，忍着困意把作业写到凌晨，马路上偶尔有人醉酒飞速驾驶，警车的红蓝灯在后面交替着闪烁，可以叫醒半睡的我。

来自性格里隐隐的自卑，让我在做每一件事的时候都格外努力。我是班里最勤奋的学生，没有缺席过任何一堂课，坚持把每一份作业做到优秀，不能容忍成绩单上“B”的出现。因为经济的匮乏，我在别的地方拼命地赋予自己很多尊严。

我在咖啡馆打工的时候，认识了一个姑娘。

姑娘很漂亮，是那种精心修饰过的漂亮，化妆品武装到头发丝儿。每天九点，准时来喝一杯摩卡，坐在角落里，眼神勾住每一个看似还不错的男人。后来姑娘总是带着不同的男人来聊天，男人请她喝咖啡吃西餐，她秀出诱人的“事业线”，却总是没什么结果。

有一天姑娘和我礼貌地告别，很坦诚地说：“我的钱越来越少了，签证也马上到期了，不能每天都来了。”

她的指甲很长了，颜色仓促地留下一半，头发晦暗地胡乱梳起来。她说，现阶段的目标，就是练习英文，趁着签证到期前，嫁一个有钱有绿卡的老公。

不知从什么时候开始，对于一个姑娘，在她所有美好的品质中，好像努力作为通向成功的一个非常重要的途径，就这样渐渐地消失了。微信上一夜出现的刷了屏的文章，都在说，女孩刚刚好就好，用不着乘着风一样去奋斗，嫁个好点的男人就是人生的最优模式。街坊四邻议论的话题也从单纯的“你吃了吗”，变成了“我家女婿月薪上万”。当我为着一个个微小的目标奋斗得不亦乐乎时，总有人会在身边好心地提醒我婚姻的实惠。没有人去尊重一个姑娘小人物式的努力，大家更推崇的，是一夜凤凰的姿态。

我生活在异国的几年里，身边出现过的二十几岁的姑娘们，大多数可以被归为这几类：一类家境优越，每天都在抱怨这个国家落后的娱乐产业；另一类家境普通，非常向往自给自足的生活，却总在抱怨工作太难找，不肯踏出吃苦的第一步；而最后一类以我为代表的姑娘们，不情愿让家庭和爱情为自己买单，甘于在生活里做个张牙舞爪的女战士，接受着第一类姑娘的瞧不起和第二类姑娘的负能量。我认识的一个女孩，曾经作为我的同桌在课堂上出现过几个月，后来辍学嫁了人，短短几年内收获了绿卡和儿子，职业变成了她梦寐以求的家庭主妇。本以为她的生活从此就是幸福的，可是每次她从老公那里伸手要钱的时候，都是一场家庭战争的开始。有一次去探望她，她拉着我的手很憔悴地说："什么时候才能再做一次你的同桌呢，那时没有钱，不得已才放弃了读书啊。"

我一直不接受对于贫穷的抱怨，相比生活中各式各样的不幸，贫穷是种选择而并非无奈。蔡澜谈到对于贫穷的态度时说过，趁着年轻努力赚钱，一份工不够，打两份工，两份工不够，打三份。在这个国家里，报纸和网络每天都在更新着数以万计的工作。不能做一名大公司里的白领，那就去做一份简单的体力工作，去超市里包装蔬菜水果，到加油站做收银员，往各家各户的邮箱里投报纸。

当我第一次站在这个陌生的国度时，所有人都在和我讲这个季节的工作多么难找，为了可以养活自己，我打遍报纸上所有电话，走遍商场所有店铺。一个最初连钱币数额都分不清的女孩，在别人的排挤和质疑中存活了下来，靠的是咬着牙向上的意志力和拼到底的不服输。

我从没害怕过自己有一天会摔倒，也从未担心过一无所有，我就是从那里一路走来的，我知道只要肯努力，活下去并没有那么难。别误会，我并不留恋一穷二白的日子，我和所有的姑娘一样，也非常向往美好的生活。我想有足够的金钱，也想拥有自由与爱情，可是在我对生活提出很多很多要求前，我想先对自己有要求。一个姑娘，只有努力，手中才握有筹码。

李娜在接受记者的一次采访中说：“我的梦想就是当一个家庭妇女。”

台下的年轻女孩纷纷点头，掌声一片。可是，别忘了，在李娜成为一个家庭妇女前，她的职业网球生涯进行了十五年，得了两个大满贯冠军，开创了亚洲职业网球界的历史新河，已经付出了一个女人对事业的全部努力。

所以，别说姑娘们不需要努力，也别对着她挣扎的姿态泼冷水。当她穿着线条粗糙的旧衣裳，开着雨刷生锈的小破车，有人觉得她品位太糟糕，我却觉得她流汗的样子很性感。她一头扎进对未来的憧憬里，想拼尽全力试试自己能够达到的高度。此刻，你能做的，就是尊重她的努力。

克制自己的欲望，对自己负责点

人都是有欲望的。而我们在成长的道路上，要学习的就是：克制自己的欲望，用理性战胜感性。

[1]

吃完饭的时候，同事在跟我打闹的过程中，无意间开了一句玩笑话：你个胖子。

我知道她是无意的，也知道她是在跟我开玩笑，但是，我还是有点受伤，因为这句话难过了一下午。

晚上躺在床上的时候，我就在想，我白天为什么为这句话这么生气呢？原本只是一句没什么大碍的玩笑话，我为什么会这么放在心上。

一方面是自尊心在作祟，因为长这么大以来，还是第一次有人称呼我：胖子。另一方面是我在逃避一个事实：我真的胖了。

从毕业到换工作，从新工作到现在，我硬是长了十斤体重，本来个子就不高，这样一来就显得矮胖矮胖的了。

以前在大学读书的时候，会经常去操场跑步，做第一份工作的时候，也会经常出去散步或者跑步。

而换了工作以后，由于平常比较忙，晚上回来还要做其他工作，运动时间一再被我压缩，后来干脆就不运动了。而白天由于脑力消耗较大，再加上美食本身不可抵挡的诱惑，让我一动筷子就停不下来，每次非要把自己吃撑。

人们常说：吃饭八分饱，爱人爱七分。而我经常就是十二分饱，不运动加上吃饭无节制，导致体重蹭蹭地往上升。

这个时候我才明白，人们口中常常所说的克制是有多么不易。要在自己喜欢的事物面前抵制住诱惑，用理性战胜感性，告诉自己要克制，舍弃掉眼前你心心念念的东西，是一件多么不容易的事情。

而对美食的克制，就是对身材的保持。如果不能合理克制自己对美食的欲望，就要面对日渐发胖的身材呜呼哀哉了。

[2]

刷朋友圈的时候看到一篇文章，从吃饭看一个人的教养。

其中有一点是这样讲的：吃饭的时候，凡是要第一个夹菜，夹最大块排骨的人，八成生活里也是自私的。那些在你吃东西时一定要借着光尝一尝的人，大概生活中也常常占着别人的小便宜。而那些肯为你先盛一碗汤，把鱼肚子最厚实的那块肉夹给你，不铺张不浪费不过分挑剔食物的人，他们不一定是你最亲近的人，但一定是正直的，善良的，可以值得信赖的人。

这里面虽然说的是教养，是一个人在生活中不经意间的细节所表现出来的教养，但是也从另一方面说明了吃饭的重要性。

饥肠辘辘的时候，在面对喜欢的食物时，每个人都有想将它夹在自己碗里的冲动，都有快点填饱肚子的欲望。

但是有教养的人，会尝试着去克制这种欲望，在吃饭时，能稍微考虑一下他人的立场与意见，能将别人放在心上。

对吃饭时的欲望的克制，就是对自己教养的另一种体现。

[3]

身边有姑娘看了太多的“毒鸡汤”，坚信：女人一定要对自己好一点，一定要买买买，花花花。不给自己花钱就是对自己不好。

原本3000元薪资的人，分期付款买了一个苹果最新款手机，还想着再用蚂蚁花呗买几款新上市的衣服和包包。

一看到有好看的衣服和鞋子，就管不住自己的手，只管下单，完全不考虑自己的资金状况和以后的生活情况。

我也认同女人一定要对自己好一点的看法，但是这并不意味着，你可以用这一点当借口，去掩盖你一直想买买买的欲望。而作为一个成年人，考虑的不能只是你当前的欲望，还有你的资金状况，你以后对生活的安排，以及其他可能随时出现的状况等。

因为你一时的冲动，一时对欲望的难以克制，可能导致你以后几个月生活都比较艰难。

而克制对自己买买买的欲望，就是对自己的负责。

[4]

人都是有欲望的。我们在成长的道路上要学习的就是：克制自己的欲望，用理性战胜感性。

生活中，一旦你无法克制欲望，就极有可能沦为欲望的奴隶，从此，眼里只有欲望而无其他。

而对欲望的克制，能将我们的生活引领到一条更为广阔、更为宽敞的路上。让你有规律并且更加良好地生活。

克制对美食的欲望，有助于我们身材的更好保持；克制对狂买的欲望，有助于让后面的生活更加宽裕；克制住急躁的态度，有助于提高我们的自身修养。

克制对脏话的欲望，有助于我们成为一个更加有修养的人；克制住对懒惰的惯性，有利于我们更有规律地生活。

“克制”看起来是在控制自己，但是其实是在给我们创造更大范围的自由。而在养成一个好习惯的初期，虽然比较艰辛，一直在跟自己做斗争，比较辛苦，但是等熬过了这段时间，养成了一个好习惯，一切都会步入正轨。

努力没有捷径，勤是首要

曾国藩说为官者当有五勤：“一曰身勤：险远之路，身往验之；艰苦之境，身亲尝之。二曰眼勤：遇一人，必详细察看；接一文，必反复审阅。三曰手勤：易弃之物，随手收拾；易忘之事，随笔记载。四曰口勤：待同僚，则互相规劝；待下属，则再三训导。五曰心勤：精诚所至，金石亦开；苦思所积，鬼神迹通。”

曾国藩的“五勤”之道虽是为官之道，同时也是为人处世之道。

[一曰身勤]

曾国藩所说的“身勤”就是身体力行、以身作则。

曾国藩曾说“余谓天子或可不亲细事，为大臣者则断不可不亲”。

曾国藩是这么说的，也是这么做的。曾国藩在军中要求自己早起，不论是什么样的天气，不论是什么样的环境，他一定“闻鸡起舞”，练兵督训，办理各项事务。曾国藩对军中将士说：“练兵之道，必须官弁昼夜从事，乃可渐几于熟。如鸡孵卵，如炉炼丹，未可须臾稍离。”《论语》有曰：“其身正，不令而行；其身不正，虽令不从。”

言传不如身教，曾国藩就是这样影响手下的幕僚、将领的。不管是个人修行还是管理团队，这一点至关重要，要给周围的人和下属做一个好榜样。

[二曰眼勤]

曾国藩所说的“眼勤”是从细微之处识人。

曾国藩指派李鸿章训练淮军时，李鸿章带了三个人求见，请曾国藩分配职务给他们。不巧曾刚好饭后外出散步，李命三人在室外等候，自己则进入室内。等到曾散步回来，李请曾传见三人。

曾说不用再召见了，并对李说：“站在右边的是个忠厚可靠的人，可委派后勤补给工作；站在中间的是个阳奉阴违之人，只能给他无足轻重的工作；站在左边的人是个上上之才，应予重用。”

李惊问道：“您是如何看出来的呢？”

曾笑道：“刚才我散步回来，走过三人的面前时，右边那人垂首不敢仰视，可见他恭谨厚重，故可委派补给工作。中间那人表面上毕恭毕敬，但我一走过，立刻左顾右盼，可见他阳奉阴违，故不可用。左边那人始终挺直站立，双目正视，不亢不卑，乃大将之才。”

曾国藩所指左边那位“大将之才”，就是后来担任台湾巡抚鼎鼎有名的刘铭传。

曾国藩从细微之处识人，练就了他的一双慧眼，曾府幕僚鼎盛一时，幕僚在曾国藩平定太平军的过程中出谋划策，立下了赫赫功勋。

[三曰手勤]

曾国藩所说的“手勤”其实就是要养成好习惯。

曾国藩一生养成了三个好习惯：

一是反省的习惯。曾国藩每一天都写日记，曾国藩说："吾人只有进德、修业两事靠得住。进德，则孝悌仁义是也；修业，则诗文作字是也。此二者由我做主，得尺则我之尺也，得寸则我之寸也。今日进一分德，便算积了一升谷；明日修一分业，又算馀了一文钱；德业并增，则家私日起。至于功名富贵，悉由命走，丝毫不能自主。"曾国藩通过写日记进行修身，反思自己在为人处世等方面存在的不足，通过这样的反省，不断修炼自己。

第二个好习惯就是读书习惯。他规定自己每一天必须坚持看历史书不下十页，饭后写字不下半小时。曾国藩说"人之气质，由于天生，很难改变，唯读书则可以变其气质。古之精于相法者，并言读书可以变换骨相"。通过坚持读书，曾国藩不仅改变了气质，更磨炼了他持之以恒的精神，同时也增长了他的才干，懂得不少为人处世的道理，也让他成了一代大儒。

第三个好习惯就是写家书。据说曾国藩仅在1861年就写了不下253封家书，通过写家书不断训导教育弟弟和子女，在曾国藩的言传身教之下，曾家后人人才辈出。

正所谓习惯决定性格，性格决定命运。曾国藩养成很好的习惯，不仅成就了他自己，也影响了曾家后人。

[四曰口勤]

曾国藩的"口勤"就是他与人的相处之道。

曾国藩认为同僚相处"两虎相斗，胜者也哀"。

据说曾国藩开始同湖南巡抚骆秉章的关系并不好，咸丰三年，曾国藩在长沙初办团练时，骆秉章压根儿就没把曾国藩放在眼里，对曾国藩的工作也不是十分支持。当绿营与团练闹矛盾时，他总是偏向绿营。

让曾国藩特别愤愤不平的是，在靖港兵败，湘军退驻长沙城郊的水陆洲时，骆秉章来到离曾国藩座船仅数十米之遥的码头送客，曾国藩以为他是特意来看望和安慰自己的，内心正十分感激，谁知他送完客人之后竟然转身便走，就当没有看到曾国藩！并且还同长沙官员一起对曾国藩的兵败百般讥讽。

尽管如此，曾国藩并没有逞口舌之争，而是采取曲意忍让的态度，在他为父守孝后第二次出山之时，他特意拜访了骆秉章，态度十分谦恭又十分热情，之前的那点事就当没发生过一样。这让骆秉章大感意外，当场表态，以后湘军有什么困难，我们湖南当倾力相助。

“己预立而立人，己欲达而达人”，曾国藩口勤不仅仅是对同僚和上级，对下属也会耐心地训导，曾国藩秉持的这种为人处世之道，不仅让他成就了自己，也成就了如李鸿章、左宗棠、张之洞、刘铭传、胡林翼等名臣，实现了清末短暂的中兴。

[五曰心勤]

曾国藩所说的“心勤”其实就是坚定的意志品质。

曾国藩不管是从科考还是在平定太平军时“屡败屡战”，都有一种精诚所至的信念在支撑他。从各方面下足功夫，功到自然成。

曾国藩说“天下古今之庸人，皆以一‘惰’字致败”。以勤治惰，以勤治庸，不管是修身自律，还是为人处世，一勤天下无难事。

让你的生活配得上你的努力

你是不是经常迷茫，是不是学会了颓废，是不是缺少目标无所事事，警告你，别堕落，你没资格！

你必须奋斗，你生来就背负着家庭、生活的重担！别把时间都浪费在埋怨、牢骚上，没有人对不起你。别把自己看得跟故事里的男女主角似的，人家天生漂亮、天性善良，你呢，你能够给自己的优势就是能力，然而，如果你一味地颓废，就连这最后的优势都会丧失，成为一无是处的人！

不论你是笼罩在压力阴影下的大学生，还是很不顺心的工作者，你都得找到自己的信心，然后去努力。否则，就会一辈子浑浑噩噩，无所作为，别怪别人瞧不起你，因为你没努力！

所以，从今天起要么努力追逐梦想，要么就做别人脚底的泥巴，云泥之别，不过如此，千万别堕落！你需要看清，你的失败究竟是因为没有伯乐还是你自己没努力！

爱自己的最好方式就是努力奋斗让自己优秀起来，如果你再颓废，别郁闷没有知己、找不到真爱，因为连你自己都不爱自己，还妄想别人爱你吗？往往一个人在乎的不是金钱而是一颗奋斗的心啊！

醒悟吧！别再堕落了！

难过了，静静地蹲下来抱着自己，让眼泪尽情地洒落。

难过了，拿着镜子看看此刻的自己，让真实浮现眼前。

难过了，默默地将自己隐藏起来，让寂静掩盖一切。

难过了，闭眼倾听周围的声音，让自己沉浸在喧嚣中。

难过了，不必告诉别人，自己的悲伤为何要别人也承担呢。

难过了，可以假装快乐，和别人一起兴奋时就能遗忘了自己的不快。

难过了，仍然安慰别的伤心者，你会发现自己也在受益，只是当局者迷而已。

难过了，听音乐，就让音乐把不快带走。有谁不曾难过，过后有谁还会记得，

过去的不再重来，又何必去苦想？

忘掉……

用微笑宣泄悲伤！

那是属于我自己的蓝天！

第一句："人都是逼出来的。"每个人都是有潜能的，生于安乐，死于忧患，所以，当面对压力的时候，不要焦躁，也许这只是生活对你的一点小考验，相信自己，一切都能处理好，时势造英雄，穷则思变，人只有面对压力才会有动力。

第二句："如果你简单，这个世界就对你简单。"简单生活才能幸福生活，人要知足常乐，宽容大度，什么事情都不能想得复杂，心灵的负荷重了，就会怨天尤人。要定期地对记忆进行一次删除，把不愉快的人和事从记忆中摈弃。

第三句："人生没有彩排，每一天都是现场直播。"我们偶尔会想，如果人生真如一场电子游戏，失败了可以选择重来，生活会变成什么样子？正因为时光流逝一去不复返，每一天都不可追回，所以我们更要珍惜每一寸光阴，孝敬父母、疼爱孩子、体贴爱人、善待朋友。

第四句："怀才就像怀孕，时间久了会让人看出来。"人，切莫自以为是，地球离开了谁都会转，古往今来，恃才放肆的人基本没有好下场。所以，即便再能干，也一定要保持谦虚谨慎的态度，做好自己的事情，是金子总会发光。

第五句："过去酒逢知己千杯少，现在酒逢千杯知己少。"不胜酒力，体会不了酒的美味，却能感受知己的妙处。没有朋友的人生是孤独的，不完整的，可是，因为生活的忙碌，渐渐少了联络，友谊就变得淡了，所以，抽点时间，联络朋友一起聊聊天，让友谊在笑声中升腾。当朋友遇到了难题的时候，一定要记得挺身而出，即便帮不了忙，安慰也是最大的支持。

第六句："人生如果错了方向，停止就是进步。"人，总是很难改正自己的缺点；人，也总是很难发现自己的错误。有时，明知错了，却欲罢不能，一错再错。一定要把握正确的方向，坚守自己的原则，世界上的诱惑很多，天上永远不会掉馅饼，不要因为贪图一时的快乐而付出惨痛的代价，如果发现错了，一定要马上止步。

第七句："人生两大悲剧：一是万念俱灰；一是踌躇满志。"现代的人好像特别脆弱，报纸上天天报道众多名人得抑郁症，人们容易从一个极端走向另一个极端。正因为踌躇满志，才坚信自己是完美的，是无所不能的，如果受到一点挫折，就会变得极度自卑，甚至失去继续生活的勇气。为自己找一个准确的定位，才能享受生活的乐趣。

第八句："人生和爱情一样，错过了真爱就错过了人生的精彩"。爱情是什么？让人无所适从，让人神魂颠倒。面对爱情的时候，勇敢一点，大胆说出自己的真心，有花堪摘直须摘，莫待无花空折枝。人，总会生老病死，人生短暂，错过了真爱就错过了生命的精彩。

第九句："要成功，需要朋友；要取得巨大的成功，需要敌人。"有竞争才有发展，因为有了敌人的存在，因为有了不服输的决心，才会努力地做好自己的事。所以，有时候，敌人比朋友的力量更强大，天下没有永远的敌人，却有永远的朋友，有些时候，敌人也可以变成朋友。

生活不在别处 在你的努力中

生活不是童话故事，太梦幻的日子并不适合你。我特别喜欢你低下头认真做事的样子。

——致每一个努力生活的女孩子

那一天，我记得特别清楚。阴天，下大雨，我穿着单薄的小西装外套，脚踩八厘米的高跟鞋，在繁华的宁波老外滩附近，逆着风艰难步行。任由冷冰冰的雨水打在脸和衣服上，有种刺骨的寒意。

一个人在风雨中踽踽独行，却只换来了一场姗姗来迟，又草草结束的面试。

我认真用心地准备一场面试，按约定的时间抵达用人单位，结果人家主管说放你鸽子就放你鸽子，连一个解释都没有。随便地让公司里的一个文职人员敷衍地走了过场。那种感觉真的挺伤自尊。

回学校的路上，走到十字路口等绿灯，被从身旁扬长而过的汽车溅得一身泥水。躲闪不及之余还崴到了脚。

走在天桥上，目光掠过那车水马龙，川流不息的街市，陡然生出几分被世界遗弃的苍凉感。

看见不远处的541满载乘客飘然而逝的背影，我知道，我只能等下一班公车了。

雨天外滩附近的出租车更加难打，即使好打，我也舍不得花那个钱。找人来接我吗？找谁呢？况且，天很冷，那里离学校又很远。而我又一向不喜欢麻烦别人，最怕欠别人人情。能够自己搞定的事情，绝不会麻烦别人伸一根手指头。

还不如等公车。虽然明知踩着高跟鞋挤公车是一件很悲催的事情。不是东倒西歪，就是人肉夹馍。于是忍着脚踝的疼痛，在风雨中瑟瑟发抖地等下一班车。偏巧身旁站着一对情侣，旁若无人地卿卿我我，甜腻得不得了。我很识相地离他们远一点，再远一点，很努力地减少存在感。

也许是我巨蟹座的神经过于敏感脆弱，又或者是冰雨冷风又孤零零的情境渲染，一时之间，我忽然想起了很多人和事。家人，梦想，曾经喜欢过的人，最想做的事，最想去的地方……

想着想着我就明白了很多。姑娘，你要努力，如果你不努力，你想指望什么？你能指望什么！

是你觉得自己够聪明、够漂亮，还是你自信自己既聪明又漂亮？

是你家里有显赫的家世背景，足够的金钱？

还是说，你有偶像剧女主角的光环，恰巧有一个既死心塌地又心甘情愿地养你的男朋友？即使他说愿意养你，你敢让他养吗？你就不怕，哪一天你们两个闹情绪吵架，他冷不丁地冒出一句：你连人都是我养的，有什么资格跟我吵？你就不怕，哪一天，他累了倦了，嫌弃你不独立、不干练、没主见？

姑娘，你要努力。如果你不努力，你想指望什么？

指望在你困窘落魄到没钱吃饭的时候，会有一个男人出现，温柔地牵着你的手去共进晚餐，还是他为你亲自下厨，棱角分明的轮廓经灯光投下一个好看的剪影？

指望在你被高跟鞋折磨到疼得一步都不想走，恨不得把鞋子扔掉赤脚走回家的时候，有一个人出现，背着你走完这段路，还是他摇下车窗温柔地对你说，上车吧，我送你？

指望在你遇到困难和挫折的时候，痛彻心扉的时候，有一个英雄站出来，为你披荆斩棘鞍前马后遮风挡雨？

还是说指望自己刚走出校园就发现，早已经有人为你铺好路、搭好桥，从此一帆风顺，衣食无忧？

姑娘，你今年几岁了。还在做这种王子灰姑娘的白日梦。喜欢看偶像剧不丢人，但活在这样的幻想中却很可怕。生活不是童话故事，当公主或灰姑娘遭遇危难时，总有骑士或王子出现拯救她们。

我一直记得中学时在《扬子晚报》上看过的一篇关于郭德纲的文章。

他说："我小时候家里穷，那时候在学校一下雨别的孩子就站在教室里等着家人送伞，可我知道我家里没伞啊，所以我就顶着雨往家跑，没伞的孩子你就得拼命奔跑！像我们这样没背景、没家境、没关系、没金钱的，一无所有的人，你还不拼命工作，拼命奔跑吗？"

姑娘，你不努力，你想干吗。姑娘，你要认真地工作，你要努力地赚钱。这是为了你将来能过更好的生活，也是为了让你的父母在年老体迈没有经济来源时还能安享晚年。是为了当你有了想要吃的东西，想要穿的衣服，想去旅行的地方时，可以毫不犹豫地为自己潇洒买单。是为了爸妈以后逛超市、商场的时候，能够像舍得为小时候的你花钱买东西那样为自己买东西。是为了他们在和街坊邻居、亲戚谈论到你的时候，一脸自豪或是一脸安详。毕竟，他们已经为了你奔波劳累了大半生，你不该让他们的后半生享点清福吗？

姑娘，你要好好照顾自己，好好地爱自己。即使是单身一人也要活得多姿多彩。你要记住，这辈子，除了父母至亲，你不为任何人而活，你只为你自己而活。你要更加清楚，你对自己的人生负有不可推卸的责任。

姑娘，不要害怕一个人。单身，意味着你还有选择的余地和空间。单身，说明你有足够的耐心和勇气去等待那个值得你珍惜的人。不要随随便便一个男人送点礼物、说点甜言蜜语，你就芳心暗许晕头转向了。

如果一个男人真心喜欢你，他会选择你喜欢并且接受的方式对待你。同时，他会给你时间做决定，一定会等你的。那些在你犹豫要不要接受这段感情时，转身就离开的人，其实并没有那么喜欢你。

是有那么一部分男人喜欢小鸟依人柔情似水的女孩子，这无可厚非，毕竟，各花入各眼。但如果你们已经恋爱了，在一起了，他才说，不喜欢你这样的性格，觉得你好强又独立。那么，很好，你可以立刻和他分手了。因为他根本一点都不了解你。真相不是你好强又独立，而是你非常没有安全感，因为你知道，自己如果不坚强，无人可依靠。

张爱玲说过："我要你相信，在这个世界上总有一个人在等你，无论在什么时候，无论在什么地方，反正总有这样的一个人。"

你才二十几岁，你还有大把的青春年华。我不想你现在就将就，委曲求全地跟一个你并不爱的人在一起。那样，对他不公平，对你更不公平。你把仅有一次的人生浪费在不喜欢的人身上了。如果你连年轻的时候都不敢大胆地追求心中所爱，等老了，就只能追悔莫及空余恨了。

姑娘，你一定要努力。很快，你三字头的年龄就要来了。你不指望自己，你还想怎样。你问问自己，如果只是喜欢当一只单纯无知的小白兔，每天捧着奶茶等人来照顾你，你如何经受得起以后的漫长岁月？你就不担心你天天喝奶茶过完二十岁，等到三四十岁的时候，你身上没有任何时光沉淀过的优雅和美丽，脚下只剩一堆脏兮兮的奶茶吸管吗？

姑娘，别白日做梦了。生活不是童话故事，太梦幻的日子并不适合你。我特别喜欢你低下头来认真做事情的样子。认真的女人才是最美丽的。

累一点也好，苦一点也罢。如果你现在就对自己各种放纵，将来你指望依靠什么来放松？你今天付出的所有努力和辛苦，都是一种沉淀，它们会跟随时间的魔法帮你成为更好的人。现在拼命工作，努力赚钱，是为了以后不再为金钱所累，是为了不让别人有机会用金钱考验自己的本心，是为了将来可以做任何自己想做的事情，去任何自己想去的地方。

姑娘，好好爱你自己，再苦再累，也要照顾好自己。多疼多累，撑不住的时候大吃一顿，喝点小酒，找一两个知己好友，发发牢骚吐吐槽就可以了。要知道“感同身受”说起来很好听，但真要实践起来无比艰难。

你的努力就是你最大的资源

每次面试应届毕业生的时候，我都会先让这些应聘者做个自我介绍。这时候，我总会听到这样的声音：

“我是××学校的，我在××实习过，我是××社团社长、学生会主席，我的GPA是3.8。”

“我是××学校的，在××实习过，还在××实习过，现在去了××。”

“我正在××实习，我还投了A、B、C、D公司，我的理想是找一个月薪超过7000元的工作。”

这样的结果并不难解释：上大学前，所有的家人，上至爷爷奶奶、爸爸妈妈，下到弟弟妹妹，都认为我们应该继续小时候乖巧玲珑的行事风格，在大学里，学习上争当第一名，课余时间争做学生会主席和入党积极分子，紧密团结在好学生、好干部的周围，以期毕业之后顺利进入国企或者成为国家公务员。在达到这个目标之后，我们应该迅速地找个条件相当的男友或者女友，男生家买房，女生家买车，结婚生子，共同背负着房子、车子、孩子的重任，从此步入一成不变的稳定生活。而在此过程中，我们应该默默无闻地跟随着同龄人的统一步伐，在每个时间段做自己该做的事，凡事要低调，不要搞特殊。

于是好多人不服啊，抗争啊，叛逆啊，每天叫嚣着、哭喊着自己与别人的不同，可最后还是殊途同归了。因为在这个过程中，我们每个人都在试图用社会的统一标准来要求自己，并努力在这个标尺上寻找自己的位置，不敢落下一步，不敢走错一步。我们都忘记了自己想要什么，忘记了自己的优势，忘记了自己有着独一无二的DNA。

23岁的C是我的师妹，她常跟我说，她的工资很低。她经常会想，这样的日子是否值得，比如每天斤斤计较地盘算地铁和公交车哪个更加划算，为买不买一辆200块钱的自行车犹豫了好几个月。她害怕回到家乡，害怕和别的同学不同，害怕起步工资太低而让日后的生活不堪设想。其实我理解，在上海这样的大城市里，每当看到很多学历背景不佳的人，因为不断跳槽，薪水四五倍于自己的时候；每当听到一些女孩子因为家庭背景或者某个男人的背景，找到某种捷径的时候；或者看到那些前辈炫耀名牌包包，出入高级餐馆的时候，换作谁，心里都难免会有一些怨念。

每次C跟我抱怨这些的时候，我总是很想送给她台湾女作家李欣频说过的一段话：

"有很多人设立的目标是几年之内要升到主任，几年之后要当上主管，然后是老板……这些都是可以随时被取代的身份。只要别人比你强，关系比你好，或是公司结构调整，位子就会瞬间消失。"

所以，要建立自己的风格，把自己当成个人品牌来经营，创造自己名字的价值，帮自己建一个别人拿不走的身份，而不是社会价值下的职位。至于将来你是哪个公司的主管、哪家企业的老板其实都不重要，因为别人看重的是你的专业、你的风格。这就是拿不走的身份。

每个人都有毕业入职的那一刻，都有信心百倍的青春年华。刚刚步入社会的时候，大多数人总是能够发现自己的不足，拼命学习来提高自己。但是第二年、第三年呢？有人开始看到职场的阴暗面，有人渐渐学会明争暗斗，有人发现投机取巧能赚钱，于是慢慢走上了这条路。在这个过程中，他们从未回头看看自己还有什么不足，身姿是否不够挺拔，奔跑速度是否不够迅捷，技能掌握是否不够全面。

于是，他们从健壮的青年，慢慢走进了死胡同，越走越窄，越来越饥饿，竞争却越来越激烈。

我的一位师兄，大学的专业是计算机，研究生读的是计算机智能，毕业前在著名跨国公司实习了半年，却在即将入职的时候发现了自己的知识漏洞。于是他放弃了18万元的起薪和即将到手的各种优厚福利，回到学校，申请延期一年毕业。这一年，他转战于商学院、金融系，并经常跑到哲学、中文这种看似毫不相干的专业蹭课。一年之后他毕业时，正赶上××年金融危机，底薪比之前要低很多，但是几个月后他便3倍跳转，拿到几十万元的年薪，凌空一跃，光荣跳槽，让所有人措手不及。

师兄手里有一张关于他自己的“资产负债表”，他看到了自己的“负债”，了解自己的不足。他不看外界所能给予的一切荣光，只专心打造自己独有的东西。然后，他成功了。

其实我们可以思考一个最简单的问题：“如果没有了眼前的工作，我们还能做什么？”兼职写专栏？你文字功底和思想深度如何？开淘宝店？你想卖点什么？有没有进货渠道？给中学生当家教？当年的那些知识点你还记得多少？

在物欲横流的社会里，平心静气似乎很难，但也只有这样，才能不断深入地认清自己，了解自己内在的潜能，抓住那些能够永恒不变的、真正属于自己的东西。

我们需要时刻警醒，知道什么事能做，什么事不能做；知道自己是谁，知道自己不能是谁；知道什么是自己永远拥有的，什么是别人给的、暂时的。保持谦卑而感恩的心态，拥有不断重新归零的勇气与信念，让自己真正拥有别人拿不走的东西。

只要努力，不管在哪都可以

[1]

我在去北京之前，就已经爱上那座城市。

那些从北京火车站带回烤鸭、一身体面装束的大人走进我家里，一边喝着酒一边讲着北京的好，离开前也不忘摸着我的头：“你要好好学习，长大后去北京上大学，那可是个好城市，有那么——那么——那么高的楼！”

他们的笑声爽朗，殊不知，我已经在心底为自己默念出一个去北京的梦想。

十几年前随夏令营到达北京站时，那是我人生中第一次踏在结实的首都土地上。我迫不及待地给妈妈打了电话，握着话筒兴奋地和她大嚷着：“妈妈，北京的天气都是比我们那里热的！”

那十几天，我在北京的古迹中穿梭，更加确信了她的好。我住在首都某个大学的宿舍里，看见背着书包的十八岁姑娘，穿一条洁白的裙子，带着青春气息走在夏日的风里。我也看见那食堂里至少有二十种菜肴，我排着队等那勺排骨和炒鸡蛋。

我看见那宽阔的马路，那川流不息的人群，那么多装修精良的店铺在街上连绵不绝。我看见那高鼻梁的外国人，对着电话叽里咕噜说我听不懂的话……

长大后，我更确信自己去北京的梦想，仿佛那里就是所有美好事物的集中地。高考后，我不假思索在志愿里填了北京的大学，但毫无悬念地落了榜。我最终在北方一个沿海的城市里读书，继续用四年遥想北京的好。

我以为，我总有一天，会再次站在那片结实的土地上，在那熙熙攘攘的热闹城市里，做一个穿着套裙的白领。我的高跟鞋在二十层高的写字楼里嗒嗒地响着，就像是那走得飞快的钟表，无时无刻不在提醒我更好生活的到来。

[2]

很遗憾，毕业之后我并没有去北京，几次面试的失败和失恋让我的心情沉了底，意外得知的出国途径是我对那时的自己唯一的拯救。

然而，北京的好，仿佛所有人都知晓。大学毕业前和班里的同学讨论去向，才发现大家竟都和我一样，用四年熬一个去北京的机会。我们的对话常常这样进行着——

“毕业后回家乡吗？”

“不，去北京！！！”

那去北京的回答干脆坚决而充满期待。我们憧憬着北京的三里屯，北京的南锣鼓巷，北京那孕育着长发艺术家的包容性，还有那一百种随心所欲的生活，以及一秒钟就能把人从地下室放进二环内的机会。

我从前一直觉得，所有人都应该去远方，在陌生的街头为自己寻一场灵魂的改变。然而在之后的人生中，我渐渐地发现，并不是所有人都能实现一个“去北京”的梦想，而“去北京”，也并不是一个人实现梦想的必要因素。

几天前，我辗转得来大学时代的朋友小赵的联系方式。很多年不见，才知道当年那个一心一意想去北京的小伙子，因为母亲突然病重，而不得不回到了家乡。几乎所有人都曾因此为小赵惋惜。

他在家乡那个并不发达的小城市里开了补习学校。起初，补习学校发展缓慢，小赵一个人扛起招生、讲课、做财务等一切工作。

那一年，他没有一天睡觉超过五个小时，常常天不亮就起床，然后披星戴月地回家照料母亲。这样的日子过了整整两年，小赵的学校已经初具规模，课程也变得丰富，他甚至拉上了原来的同学来这里做讲师。

我问他："还想去北京吗？"

他笑说："哪里都是我的北京。"

我心里明白，他那坚持不懈的努力，就算放在世界上的任意一个角落，都有一天会带他走向今天的成就。

[3]

我身边的另一些朋友，从前和我一样梦想着"去北京"，坚持认为北京是梦想落脚的乐土。一个朋友在毕业后去北京折腾了几年，最终因为和女朋友长久的异地恋而暂时将留在北京的想法作了罢。

他来到一个二线城市，在北京体验的一切，让他在这个城市里看到了很多创业的好机会。他的厨艺不错，在写字楼附近租了一间公寓，开始了为白领送餐的服务，不到一年，他就拥有了衣食无忧的生活。

他见到我说的第一句话就是："谁说实现梦想一定要去北京呢？"

我从前觉得，所有人都应该向往着去远方，几年前我更年轻的时候，我和所有心怀梦想的人一样，想去纽约成为那个大熔炉中的一员，想去英国的大学里读喜欢的科目，想去澳大利亚在沙漠里开越野，想去北京奋斗出一个180平方米的房子……

可是渐渐地我发现，我们因为金钱的缺乏，因为家庭的挽留，因为爱情的约束，因为种种不得不妥协于现实的原因，而和心中的远方告了别。

我把这些去远方而不得的情绪，统统称为“北京情结”。很遗憾，不是每个人的人生都给了他们“去北京”的机会。可我也渐渐看到，尽管有那么多人没法实现自己的“北京情结”，可也有些人在那些不是北京的地方，实现了当初的梦想。

我的博客上有很多刚刚毕业的小朋友很羡慕地说：“我也很希望自己可以去大城市，或者可以出国……”

我总是和他们讲起自己当初在国外的经历。一个人拖着大行李箱在一年中搬家十几次，一个人边读书边没日没夜地打着工，一个人克服了那么多孤独和恐惧，又在这一刻不敢停的奋斗里生出活下去的勇气和能力。

[4]

我不再觉得一个人的梦想一定要在哪里才能生根发芽。能够让你最终实现梦想的，不是一个“地方”，而是你长久的努力，还有不怕输的决心，那是不管你走到哪里都能获得成就的好品质。

理智地想一想，如果当初的自己真的如愿去了北京，能让我在那里穿着职业装，在写字楼的二十层把高跟鞋踏得铿锵有力，再拥有一个180平方米大房子的，只能是不懈的努力。

而若我当初只能留在家乡的城市，我也会发誓要用这不懈的努力，为自己搏出一样的精彩。我从来都相信，生活中真正的勇士，从不介意上天不公的安排，他们会在任何一片土地，都郑重地穿上铠甲，用利剑为自己杀出一条光荣的路。

没有一个梦想是可以被否定的。因而，我总是期待每一个不顾一切“去北京”的年轻人，最终都能从地下室搬进二环内，用实现了梦想的人生去回应当年那份浓烈的北京情结。可是，如果因为生活中的什么原因让你不得不挥别“去北京”的那趟列车，我也希望你有足够的勇气和决心，好好努力下去。

我相信，你会让哪里都成为你的北京。

坚持下来，才能赢到最后

没有一只鸟会死在寻食的路上，
对于我们又何尝不是如此？
只要不放弃就永远不会有失败的那天，
当我们放弃的时候，
正是失败的时候。

时间不会辜负你的坚持

桑雨是她的网名，我们相识于一个叫作“五道口落榜群”的QQ群。

五道口是原中国人民银行金融研究院的别称，现为清华大学五道口学院，一度被誉为金融学考研的巅峰。考研成绩出来之后，不知道是谁建了这个群，但我们在群里热火朝天地聊天时，都暂时忘记了落榜的痛苦。

后来，我们一起去参加另一个学校的调剂复试，我才见到了现实中的她。她是典型的南方女孩，外表娇弱，声音很轻，但我一直记得她倔强的眼眸和一针见血的谈吐，也记得我问她为什么要考五道口时，她只回答了八个字：“犯其至难，图其至远。”

那时候，考上五道口的人里有很多是“二战”甚至“三战”。我是第一次考，但她已经是第二年考了，我们俩一样差四分到复试线。想必她也和我一样，听到的言论多是：“啊，只差一点，明年肯定就考上了！”

可就算“只差一点”，我也没有勇气再考一年。她也有些纠结，因为她如果再考一年就是“三战”了。在这场没有硝烟又孤军奋战的战役中，没人能为你担保“明年就能考上”，更没人帮你分担那些黑漆漆的夜里睁大着眼睛寻找希望的孤寂，和因为孤注一掷、背水一战而承担的莫大压力。何况女孩的青春原本就转瞬即逝，为一个学校赌上三年的时光，家人的担忧、朋友的劝阻连同自己的怀疑都像是一条难以蹚过的冰河，步步艰难，无可逾越。

可我只听她轻描淡写地说起她“二战”时独自在校外租房复习的种种。

我挺佩服她的，不说别的，就每天十四五个小时的复习强度，这已经超越了多少考研人。南方没有暖气的冬天，她独自一人在出租房里抱着热水袋看书做题，那么荒凉贫瘠的环境里，她心里全是温热的希望。

调剂复试之后，我被录取了。数番波折，百般纠结，我放弃了为五道口“二战”的想法，而她，还是毅然回去准备了“三战”。

后来我们没再联系过。我开始了研究生生活，她又翻开了那些数学复习全书、英语单词红宝书和不知看过多少遍的专业课笔记。整整一年里，她的QQ签名一直是阿兰·德波顿的那句话：“我们在黑暗中掘地洞之余，一定要努力化眼泪为知识。”

一年的时光呼啸逝去，和已经过去的每一年一样不留痕迹。第二年的春天，朋友发给我一个链接，是五道口的最终录取名单。我一眼就看到她的名字赫然在列，初春的风透过窗子飘进来，让人无法抑制眼里的热泪。我所放弃的路途她举步维艰地走到了终点，再明艳的鲜花和再响亮的掌声都不够作为对她的嘉奖。我想象她一个人蹚过寒冷的冰河，遍尝孤独的滋味，在无人给予鼓励时用强大的内心力量源源不断地滋养着自己，终于走到了一个莺飞草长的春天。

三年的青春换一个梦想的入口，多少人问到底值不值，甚至有很多人称呼坚持数年考研的人为“考研病人”。可青春里的呼啸奔跑、颠沛流离，从没有多少对错和道理，“值得”二字可至轻也可至重，度量全在人心。我只是一早就知道，那个柔弱的她终将闪耀，如日光投射辽阔原野，如流星之于无垠天际。

这段时间整理新书的书稿，那些模糊的往事带着新鲜的潮湿气息卷土重来，我差点儿都忘了，我也曾为它们写过那么多的字。我觉得，就算走到很远很远的以后，我也再难写出比它们更坦荡赤诚、饱含热泪的字迹。因为它们所代表的坦荡赤诚、饱含热泪的岁月正一步一步和我告别，在我依依不舍地远离校园时。

时光倒回一年前，我沉默地写着它们时，我在豆瓣还只有一百多个关注，并没有多少人看到。而实习单位却有几百个客户等着我一一拜访，他们都要忍受我在任务压力下不厌其烦口干舌燥的营销。我早已不记得他们的脸，自己开口前的尴尬忐忑，以及那些少许热情多数冷漠的回应。只记得炙灼暑气下发烫的公车座椅，正午餐厅里的小憩，还有因为手里濡湿的汗水而变得皱皱巴巴的产品单页。

所以实习结束的那一天，我终于得以从西裤换成西瓜红的小热裤，和小伙伴们笑着闹着走在路上，只看到天空由于秋意的初临而变得清朗高远，一大蓬又一大蓬软绵绵的云彩让人想要跳起来大声打个招呼。我们都晒黑了累瘦了，可奔向未来的脚步铿锵有力。

后来开始找工作，我经常拿出它们来看看。在北京的深秋晚高峰熙熙攘攘的地铁站里一条条地刷新招聘通知时，在天津的初冬穿着单薄西装大衣难以抵御突如其来的降温和大风时，在上海火车站候车大厅边等火车边看第二天要面试的企业简介时。那些字迹在后来温暖无数个陌生人之前，首先无数次地温暖了我自己。在我不知何去何从时，它们提醒着我过去的自己曾有过的勇敢和无畏，一路奔跑的身影和终于迎来的赤色艳阳。那些字迹，一个又一个，都是跳跃滚烫的初心，在字里行间得以永存。

时间倒回两年前，也是暑假，第一次看到《异类》里的一万小时天才理论，我在愿望清单里写了好多个愿望，其中一个是出版一本书。后来是马不停蹄的实习和因为要考证总在自习室里熬至深夜的场景。疲累又迷茫的日日夜夜里，反复叩问思索，期待着命运给我一次从容选择的机会。十一月独自在宿舍写字，一推窗，白茫茫的新鲜雪地，仿佛大梦初醒一般让人心中一动。旧事纷纷如飘零落雪，只有想到自己一路奔跑一直成长的路途才觉得凛凛寒风并不可畏，也只有自己的努力才能将一个雨水温热山川温柔的春天唤醒。

时间倒回四年前，上千人在一个闷热的大教室里听考研数学课。我从第一排转身向后看，他们的神情竟出乎意料地相似。后来那样的神情我在拥挤燥热的企业宣讲会上看过，在水泄不通的招聘现场看过，在新公司入职培训的动员会上看过，在校园里手挽着手热烈地谈天说地的人群中看过。我才知道，那神情属于无数个年轻的你和我，属于清贫年华里对未来最恳切的热望，属于被现实打败之前耀目荣光的无畏青春。

有段时间，网上盛传一篇叫作《为什么要努力》的帖子。也有人问我，为什么要努力？我想，是因为人生有那么多就算你努力了也无法掌控的东西。比如你寤寐思服的那个人的心，比如父母渐渐老去的容颜，比如时间如流沙一般无可挽回地逝去。所以，对于那些努力了便能扎扎实实握在掌心里的东西，为什么不珍惜，为什么不争取呢？

说到底，年轻时所有的你追我赶、冲锋陷阵，不过是为了兑换一场酣畅淋漓、了无遗憾的人生而已。让无数个看似庸碌平凡实则丰饶激荡的灵魂，在陷入回忆时能露出一抹温柔的笑意。

你一定和我一样，明白除了在寒风中裹紧衣领往前走，别无他法能带我们走向一个温柔明媚的春天。

而我也知道，在被庸碌现实俘虏之前，在被琐碎生活招安之前，你终将闪耀，如日光投射辽阔原野，如流星之于无垠天际。

不放弃，便能赢来属于你的春天

一个已经计划散伙的团队，在最后一刻他决定推出最后一个项目，如果这个项目再不成功，那么就解散团队。可是就是这最后一个项目，却使整个团队起死回生，而他们推出的这个项目就是广受好评的手机应用“唱吧”，而他就是“唱吧”的创始人陈华。

虽然只是一个手机应用，可是它在推出后的第五天在没有任何推荐的情况下，就成为苹果app store里下载量第一的手机应用，而“唱吧”也成了很多人手机里必备的软件之一。同时已有风投愿意为这款“还未找到合适的盈利渠道，并且近期不打算盈利”的软件掏出近千万美元。

更让许多人没有想到的是，“唱吧”在近5个月内即吸引了近百万用户，而且如韩红、宋丹丹等这样的明星大腕也时常会跑到“唱吧”上“小露一手”。而在“唱吧”唱歌的网友更是数不胜数，有几岁的小孩，也有七八十岁的老人……

其实当初“唱吧”软件的上线完全是偶然。陈华从阿里巴巴辞职后，开始自己创业。陈华带着来自酷讯、阿里巴巴、开心网的创业团队，开始寻找一个“靠谱”的产品方向。

很快陈华就定位于做电商，在整个团队的努力下，两个月后陈华推出了导购促销网站最淘网。可是最淘网并没有达到预期增长效果，最后在苦苦坚持了几个月后依然没有任何起色，陈华只好放弃了最淘网。

在放弃最淘网后，陈华的团队陷入了一个创业的怪圈，只要有人提出一个创业计划，马上就会有好几个同事出来否定这个计划，几个月下来，一个创业计划都没有通过。最后就在团队计划解散的时候，陈华提出了最后一个项目：做一个普通人唱歌的KTV软件，陈华给团队介绍道，现在KTV的兴起就满足了很多人唱歌的需要，可是为什么不能开发一款手机上类似的软件呢？

尽管陈华的设想很好，可是还是遭到了同事们的反对，最后在几个方案里，勉强通过了陈华的方案，做一款KTV唱歌软件。春节后，陈华团队开始投入唱歌软件的研发。为此，工程师翻阅了很多关于声音的理论书籍，并专程跑到唱片公司去请教。

因为是团队的最后一个项目，因此整个团队都付出了全部的努力。让陈华没有想到的是“唱吧”刚一上线就得到了众多网友的欢迎，而下载量更是高居第一。这远远超出了陈华和同事们的预想。

众多明星开始进驻“唱吧”，而更让陈华没有想到的是《中国好声音》栏目组也找到陈华准备和“唱吧”合作，邀请一批学员到“唱吧”开唱。

据业内人士分析，“唱吧”的估值已达到7500万美元。而目前包括陈华在内“唱吧”只有16名员工，可以说陈华给移动互联网带来了一股旋风。

有记者采访陈华，为什么能够在那么多的项目失败后仍然坚持下来？陈华说道：没有一只鸟会死在寻食的路上，只要坚持就会有成功的一天，对创业来说，可怕的不是失败，而是放弃。

没有一只鸟会死在寻食的路上，对于我们又何尝不是如此？

年轻人，请对成功有点耐心

新年之际，我们总有一种要“静下来，想一想”的情结。想想过去的这一年，“为什么出发，要奔向哪里？”；想想接下来的一年，“相爱的人在哪，同行的人是谁？”……

有的，一想到这一年丰富的经历就会得意地笑，即便走在人来人往的小区里、大街上，也控制不了。回到家里，也会想起某件开心的事儿，高兴地在床上蹦来蹦去，兴奋得睡不着。

有的，尽管身体还在笨拙地行走，但思想已经在舞蹈。他们的人生已渐入佳境，要做的，只是静候花开了。

有的，则恐怕在门口踯躅，像一个站在冥河岸边的游魂，等待着渡船的接引。

……

要问，这一年谁过得比较好，谁又掌握住自己的命运？单从姿态上判断，那我可真的不敢讲。若要我以这个时代的精神来表述，我就会这么讲：没有人，也没有任何理论可以证明我将要对你们宣布的事。证明对我们来说是多余的，因为我们没有选择，我们必须这样做。

[每一个人的命运其实都是差不多的]

石勇先生曾提到一个哲学家的思想实验，他请我们想象这样的一个“无辜的威胁者”：如果一个人P抓起一个第三者Q向你掷来。现在假设是这种情况：Q是无辜的，但在砸到你之后，他还能存活，而你确定会死，那么，你是否可以在他砸到你之前，用你的枪将他击毙？

从直观上看，我们好像可以这样做。我们对自己的生命负有保护的责任，而且在那种情况下，将Q击落是防卫的手段。但好像我们不是那么理直气壮，我们会感觉到多少有些遗憾，觉得欠了Q什么。原因是：我们击毙的是无辜的Q，而不是把Q作为杀伤性武器攻击我们的P。

但Q对此难道没一点责任吗？好像也不是。他的责任大概有两点：其一是被人当了枪来使；其二，他没有为摆脱被人当枪使的命运而做出最大的努力。思想实验往往是残酷的。这是一种被人控制、被人掠夺，甚至被人暴打，被人整死的命运。

谁都承认，这样的命运不是民众应得的。我们把责任指向了权力，但谁又能说，民众对于自己的命运，不负有一点责任呢？在平时，他们为权利、为尊严振臂高呼过么？又是否关心他人的维权并声援之？这样的命运，逻辑上，不正是平时“沉默”的一个结果么？

作为公民，每一个人的命运其实都是差不多的。

[命运的出路在于找回自己的根基]

心理学家常讲，每个人的命运都是由思想塑造的。一如爱默生所言：“一个人就是他整天所想的那些……他怎么可能是别种样子呢？”看似，我们现在面临的问题就是如何选择正确的思想，似乎做到这一点，就可以解决所有的问题。这时有人就会问了，那什么样的思想才是正确的思想呢？有此问的人，大多是希望遵照榜样而活的人。

那如何判断某个思想是不是自己的呢？我可以试着在这里给出一个判断标准：思想所扮演的角色，不过是把你从一个地方引领到另一个地方；在我看来，只有能把你从你的来处引到你的去处的思想才是你的思想。

应用这个判断标准有一个前提，那就是知道自己从哪里来，也知道自己要到哪里去。这就涉及一个人的立身之根基了。“你本是有大根基的人，只因为贪恋利欲，埋没了你的智慧，生出无穷的魔障”。看吧，是时候拿出主人的眼光，在宇宙中寻求自己的根基了。

[爱自己是一切问题的答案]

工作，事业；恋爱，婚姻，家庭；兴趣爱好，宗教信仰……一切存在的价值就是让自己生活得更好。倘若其中任何一项不能增益幸福，或给生活带来困扰甚至伤痛，那都需要做出改变，甚至可以放弃。言至此，我忍不住要抛出两个结论：“爱自己”才是一个人立身之根基；检验是否爱自己的标准就是，是否能让自己生活得更好。

事实上，我们在努力照顾好自己的过程中会间接帮助很多人，这如同资本流动的过程中也给很多人提供了工作机会以养家糊口一样。套用亚当·斯密之言：每个人都努力地照顾自己，最大化自己的产出。他这样做，既不是为了公共利益，他也不知道自己创造了多少公共利益……他就像被一只看不见的手引导着，无意之中促进了公共利益。

爱自己是引导你安全地通过生活的旅途，消除生活中所有疑虑以找出正确途径的罗盘，这也是通往群体互爱之路。人类将看到、感受到他们道路的相似和共通之处。

[喂养灵魂才是智者作为]

那为什么有些人在照顾自己的过程中表现出来的却那么让人不痛快呢？那是因为他的灵魂太贫乏了。

对于现在的许多人来说，灵魂是一个很陌生的词，似乎已被夹藏在发黄的书卷里了。人们极少去想想自己灵魂的处境怎样，于是在火热的商业社会里，我们变得冷漠、敌意、恶毒。更让人伤感的是，还有人把干瘪的灵魂典当给了没有休止的物欲情色，制造了桩桩人间的不幸。

“只有撇开对外物的追求，才能到达灵魂的所在。”荣格说，若你找不到灵魂，灵魂得不到给养，你将会陷入空虚的恐惧，而这恐惧将挥舞长鞭，驱使你绝望盲目地追求空洞的世事。你纵然追逐到了一切事物，待扯开它们，却仍找不到自己的灵魂，因为它只能从自身中找到。

喂养灵魂才是智者作为，否则就是将它蓄养成了住在我们心中的魔鬼。

别在这个浮躁的世界里迷失了自己

[1]

实习公司接了个小项目。实地考察后，我花了大量时间进行了区域分析。拿图纸给前辈看，前辈总结肯定，却在末尾添了句话：不用那么用心。

我当时一愣，前辈叹气说道：现在做个项目要多久？快的时候一周搞定，如你这般前期分析，像你如此苦心费心，不过为个破落地方，其实真的未必值得。甲方都未必真用心做事，你又何必花时间呢？

有些无言，有些无奈。笑笑之后，也有不甘。我对前辈说，像我这般花精神，总会有几分效果吧？不论正误，我一直相信：好的设计，是将小项目当大项目做；而做大项目，如做小项目。

还有两句话，心里默念，却没说出口：也许这个小项目真的只是坐落在无人看好的荒凉地方，可我也希望那里的居民会因为它而感到一丁点不同。

前辈笑笑，没再看我。事后仔细回想，也知道前辈是为我好，坦率地告诉我，我虽费了力气，对方却未必买账，打回来重头开始，失落的还不是我？倒不如走普通路，选妥帖简单的方案，俗气敷衍虽然不好，却好过返工风险。

反复思考之后，我还是固执地觉得：也许自己没错。温饱自然是第一，可惰性若成惯性，赚钱就总想不费力气。

短短几日，我学到很多，一些铭记于心，是为了提高自身；一些铭记于心，却是为警戒自我。

提醒自己：也许这个世道有些浮躁，却不是我们浮躁的借口。

[2]

想起那天，在看到我的前期分析后，前辈欣慰又无奈地叹息："你做得很好，可没什么用。"

"这没什么用"，其实这简单的五个字，我听过了很多次。也许当真没用，也许的确有用。评判本就主观，就本质来讲，最为重要之事，并非有用与否，而是是否愿意为了看似无用之事，却依旧一如既往尽心尽力地对待。

我想起一件小事。

朋友曾做过销售工作，工作店面是极小的地方，客人不多是常态。朋友每日都无所事事，却真心想要做好它。他把客人喜好全记录在册，甚至自学各种相关的专业知识。别人表示不必做无用功，他只是傻傻地笑而不语。他说，自己花这些精力也不知道有何用，只是考虑到能利于工作，便也坚持着做了下来。

这样坚持了将近半年，朋友于某日接待贵宾，厚厚的手册终于派上用场，他因此被这位贵宾选中，挖角前往更高的平台。

朋友为人很憨厚，不算能说会道，却胜在踏实。紧盯脚下，慢慢走来，不在于有多快，而在于持续不放弃。他值得拥有更好的一切，他配得上，也担得住。

某日聊天，他对我说：若是做什么，就做好什么。那些看起来没什么用的无用功，也许正是一步一步成全你的优势。

如此这般一番话，我竟也记在了心里，甚为动容。

"这有什么用呢？"此话中体现的颇为功利主义。我偶尔会想，有些人未免太势利，最短的时间却要求最好的效果——有时会被环境影响，开始焦虑并且慌乱；有时也会心浮气躁，恨不能马上一步登天。

因此，我总是怕自己行走太快，忘记初衷；也总是怕自己欲望太多，心难安静。只得反复对自己说，请深呼吸，请慢下来。大抵是深知人是多么自作聪明的动物：人们省略那些看似无用的步骤，自认于精简之后得到捷径，却往往是聪明反被聪明误。

走得太急，会快一些，却未必能长久。走得慢些，可仔细些，也许更易抵达。总会有一些东西，要一如既往地坚持；总会有一些东西，需一如既往地坚守。正是这些似乎无意义的琐碎小事，一点一滴，一丝一缕，成为价值，成为意义，成为独一无二的财富，成为千金难买的故事。

它和环境无关，却是你的良心，你的初衷，你的理想。

[3]

曾听K君说过一件很震撼的事。她曾打工的寿司店，老板亲自采购材料，从调料、米粒到蔬菜都是优质上品。小店开了数十年，口碑一直屹立不倒，生意始终兴隆。

很难，可是很值。若想体现所谓价值，未必真要荣誉满身，未必真要众口相传。如李宗盛先生所说，耐心一点，专注一些，做一些事，对得起自己，对得起岁月。这些不为人知的瞬间，才是生命被照亮的时刻。

心踏实了，就走到了。这个浮躁的世界中，懂得沉下心来的人不多，希望你我是其中之一。

成功之前，你没有资格愤怒

妹妹：你问我，人有怎样的素质才可能成功。看来，你终于不再是那个无忧无虑的小孩了。你开始明白这个社会对于个人，有一种叫作“成功”的要求。而且，你想要它。你埋怨在课上，老师否定了你的广告方案，让你很受挫。

告诉我，你心中的成功是怎样的。

如果做商人，不求做比尔·盖茨，但求刷卡时不皱眉；或者如明星，踩上红地毯时全世界都在关注你，所有杂志的封面都是你；或者简单些，你喜欢设计，你希望将来人人都在用你设计的电脑，而时代广场上悬挂的大幅广告也出自你的手笔；或者再小一些，你希望你喜欢的人喜欢你，而你希望得到的东西都可以得到——些许的名声，优裕的生活，开心的朋友，美好的爱情，足够的时间去环游世界。

妹妹，真好，有梦想总是好的。不管你想要怎样的成功，可是，你该如何去得到那些你想要的东西？

我没有标准答案，可普遍意义上的成功人士都具有两种素质：学习能力和平衡能力。

他们都擅长学习和琢磨事情，无论是否身处课堂，他们都可以从周遭发生的一切中获得养分。你不是很喜欢吴宗宪吗，他摆过地摊，跑过龙套，他说顺境中享受成就，逆境中享受人生。因为学习，所以逆境才可能成为享受。

具有学习能力的人，必须敏感，对一切和自己专业相关的事物有持续关注的热情。你每个周末都去画画，可是你拿到杂志就翻明星八卦。那杂志的封面设计，里面的图文搭配，你看都不看。

学习能力还包括给自己创造学习的机会，让别人给自己学习的机会。你迄今为止，还是太被动了。下周那个你崇拜的设计大师要去你们学校讲座，你说要去听讲座。妹妹，那样你就浪费了一次学习的机会。听算什么呢，除了听，你应当努力让他给你指点。你上次不是说对他新设计的广告有着自己的看法吗，那么去画出来，给他看。早点去讲座现场，抢第一排。总有那么五六分钟是给师生交流的。如果你的主意真的够棒，那么他的认可会给你信心。而如果他觉得还可以修改，那么你得到了一次极好的指点。说不定，还有下一次。你说呢？不论他对你是否定还是肯定，你要坚持。

关于平衡能力，其实是更重要的。我也是后来才明白。

平衡能力就是生活的能力。你或许要到工作时才能发现这能力的重要。因为做工作狂是相对容易的，而在工作和生活之间游刃有余反而是难的。

可是你现在连学习狂都是做不到的。你会觉得那样没有趣味，可主要的原因是你觉得自己够聪明，你相信自己的才华，因为在你的班级里你一直是成绩最好的。

妹妹，每个人年轻的时候都相信自己的才华。可是我们所有的成就，都要抵抗懦弱和懒惰的侵蚀。很多事情能不能做好和天赋无关，只看是否诚心诚意。也就是，心灵的纯度。你想要那些亮闪闪的东西，你不能不付出。别敷衍自己，别自欺欺人。

你是否觉得自己足够好，所以所有的机会应该主动来找你？那么我问你，你有没有为你自己喜欢的东西真的付出些什么？真正的喜欢，就是你每天都会去做而且不想回报，但你自己还是觉得愉悦。如果你没有这种感觉，或许你只是在玩票。

你觉得自己毕业就该是大师，不屑去做广告的小文案小设计。你觉得你的才华到公司里就该是设计总监，可妹妹，那些已经成为设计总监的人，年轻的时候也是一步一步走过来的。

世界上有两种道理，一种是物的道理，一种是人的道理。我们从小的学习，更多偏重在物的道理上，这更容易掌握一些。因为那些规律和标准，从不会因为人而改变。资本如何运作，市场如何反应，都是八九不离十的东西。你懂得学习，就会拥有。

人的道理就是你内在的素质：在给蜷在墙角的乞丐钱的时候，你会蹲下来轻轻放下硬币；你理解为何母亲会生气，而你可以拥抱她、宽慰她、说服她；你被人算计后，你知道如何正当巧妙地讨回公道。

在人的道理上，你学会了平衡，才可能幸福。一个成功的商人，可能是一个失败的父亲。妹妹，追求梦想是好的，但是要做好付出代价的准备。有得有失才是正常的，可是成功的人是否幸福，那就要看你的平衡能力是否高超。不过，你还是先好好学习吧。

你跟我描述的都是那些所谓成功的光鲜一面。可是当台下的掌声响起时，台上的人心里都清楚，自己早已付出了无数的努力。

世界上有个叫作“成功俱乐部”的地方，里面的人都不愤怒。因为成功之前没有资格愤怒，成功之后没有理由愤怒。

所以，你别抱怨了，画画去吧。能够全力去做一件自己喜欢的事情，本身就是幸福的。

别失败了一次就懒得再开始了

美国玛丽·凯化妆品公司的董事长叫玛丽·凯，在创业之初，她历经失败，承受了巨大痛苦，走了不少弯路。然而，她从来不灰心，不泄气，最后终于成为一名大器晚成的化妆品行业的“皇后”。

20世纪60年代初期，玛丽·凯已经退休回家。可是过分寂寞的退休生活使她突然决定冒一冒险。经过一番思考，她把一辈子积蓄下来的5000美元作为全部资本，创办了玛丽·凯化妆品公司。

为了支持母亲实现“狂热”的理想，两个儿子也“跳往助之”，加入母亲创办的公司中来，宁愿只拿250美元的月薪。玛丽·凯知道，这是背水一战，是在进行一次人生中的大冒险，弄不好，不仅自己一辈子辛辛苦苦的积蓄将血本无归，而且还可能葬送两个儿子的美好前程。

在创建公司后的第一次展销会上，她隆重推出了一系列功效奇特的护肤品，按照原来的想法，这次活动会引起轰动，一举成功。可是“人算不如天算”，整个展销会下来，她的公司只卖出去1.5美元的护肤品。

意想不到的残酷失败，使她控制不住失声痛哭。

她经过认真的分析，终于悟出了一点：在展销会上，她的公司从来没有主动请别人来订货，她没有向外发订单，而是希望女人们自己上门来买东西。难怪在展销会上落得如此的结果。

商场就是战场，从来不相信眼泪，哭是不会哭出成功来的。

玛丽擦干眼泪，从第一次失败中站了起来，在重视生产管理的同时，加强了销售队伍的建设。

经过20年的苦心经营，玛丽·凯化妆品公司由初创时的雇员9人发展到现在的5000多人。由一个家庭公司发展成一个国际性的公司，拥有一支20万人的推销队伍，年销售额超过3亿美元。

玛丽·凯终于实现了自己的梦想。

一位退休的女性，何以创造出如此的奇迹，不就是有一种“挫败了也要干”的精神吗？

任何人都可能失败，很多人失败后就“偃旗息鼓”了，被吓破了胆子，这是真正的失败。可是有的人失败了，认为“失败是成功之母”，不断地干下去，最后成功了。

人们都在不断地说，某某如何如何，就是很少去研究成功者曾经的失败，把成功者当成是天生的。其实，任何人都是一样的，就看你是不是能够多坚持一会儿。

在人生的道路上，任何人都会遇到困难，在困难面前怎么办？

这是每个人都必须面对的一个问题。我们应该有一个很明确的观点：即使是最困难的事，只要自己有足够的准备，有心寻求解决之道，就一定可以找到解决问题的办法。解决困难的方式是多种多样的，其中最重要的就是认清事情的真相，冷静思考引起困难的原因，在出现问题的时候很快觉察，这是非常重要的。

事实上，即使是有丰功伟绩的人，也不敢说自己不曾失败过。正因为有过多次的失败，才会得到多次的教训；经过多次教训后，才能够成熟起来。如果不肯承认失败，就永远不会进步。要是在失败面前强调客观原因，抱怨他人，就只会使自己一再地处在失败和不幸的漩涡之中。

如果能事先觉察各种造成困难的原因，并予以排除，就不至于发生问题了。很多事情的失败，往往是因为忽略了该做的事，或是即使注意到也没有去做。

所以，如果遭遇挫折，该反省的是自己，而不应把责任归咎于别人。

用毅力捍卫你的选择

当年考研时，我以一分之差没能考入北大中文系的创意写作专业，而我的高中兼大学同学小晨，同年也以一分之差没能考入北大法律系。考研成绩出来之后接着是考研调剂，她被调剂到了山东某政法类高校。得到录取通知书的那天，我们一起吃了顿饭，她上来的第一句话是："亲爱的，你再陪我考一年吧。"我瞪了瞪眼睛，淡淡地说"这都考了两年了，还是没考上，就说明无缘。我是坚决不会再考了"，然后讲了一通如何面对现实的道理，试图说服她不要再冒险了。那顿饭结束时，她很平静地告诉我说她会去读那所普通高校，在那里好好读书，争取读博士时能去个好学校。

一年后的一天，我无聊刷网页时，突然看到了她晒的北大法律系硕博连读的录取通知书，我当时的震惊程度基本上等同于歇斯底里了。一方面是为她高兴，是真的高兴，因为深知她的艰难；另一方面却对自己很不满，倒不是责怪自己没有继续，因为专业不同，考试模式不同，根本没法比较，而是我瞬间就回想了我的这一年里做了些什么，当人家在深夜苦读、奋笔疾书时，我有哪些收获，有没有在做着规划，而得到的答案是：很多时候，我都在无所事事。

我把她的故事讲给另一位好友听，对方有些不屑地说"现在人家成功了，说人家是英雄，如果她这次再失败了，估计大家都会嘲笑她吧。"我义正词严地反驳了他——不管她成功还是失败，她都是我见过的最有毅力的人，也因为她的毅力，我相信即便她考研考不上名校，考博时也一定能去非常棒的大学。有时，你甚至会感叹：怎么会有如此毅力惊人的女孩子。

她的底子并不是很好，或者说她并不天资聪慧。她高考考了两年，才去了我所在大学的三本专业，学的是汉语言文学专业，努力学了三年，依然入不了门，对文学完全无感。于是，考研时，她毅然跨专业去考了法律。从此，300多天的时间内她几乎每天都是第一个到自习室，最后一个离开自习室，因为要背大量的法律条文，她拿个水杯，在教室外的走廊上一读就是一上午或者一下午，第一年考研，差几分未能考上，她果断地选择了第二年继续，依旧从早到晚，几乎看不到有半天她没有去自习室，从而一举通过司法考试。我很多次看到她的书，几乎都已经翻烂了，我甚至还建议她去买本新的。考试的那几天，我们两个住在宾馆的同一个房间，她晚上一两点睡觉，早上四五点起床继续背书，怕打扰我，就去卫生间里坐在洗漱台上默背。我劝她要休息好，她说她有足够的精力来应付考试。我不知道第三年，她在农村的家里是如何备考的，没有了学习的氛围，顶着背水一战的压力，估计只能更拼吧。

也许每个人身边都会有这样被称为“考试疯子”也好，“考霸”也好的人，但未必他们都有如她一般的毅力。虽然之前的成绩总有些差强人意，但她的准备过程真的做到了最拼，那种没有任何遗憾的拼。也不仅仅是考试，她从小到大一直属于微胖身材，可到了大学，她愣是用一年的时间减去了二十几斤。她减肥的那一年，我和她一起吃过一次饭，之所以强调是一次，是因为自从那次之后，我再也不想和她一起吃饭了。晚饭时，我按照正常的饭量去点餐，而她只点了一个包子，并且告诉我她晚上一点也不会饿，淡定地看着我把眼前的美食一一吃掉。

我那个朋友还说了一句话：“世上不是任何事情都可以通过毅力完成的，就算她北大博士毕业了，又能怎样？”我承认世上很多事情的确不是可以靠毅力完成的，但有毅力的人拥有惊人的能力，在任何自己想做的事情上，都会做得非常好，且过得会很幸福。不消去说找到自己愿意用毅力去坚持的事情已经是一种能力了，更何况，毅力的本质是良好的自我管理和控制能力，是人生自我掌控的一种自信，是普通人走向成功和优秀的不二法门。

在我25岁生日时，我给自己定的一个关键词就是“勤奋”，勤奋的基础其实还是毅力。我甚至会大言不惭地说：所有人都可以通过毅力达到自己想要的成功和幸福。前不久，我在微博上转了一篇名为《容貌可以通过健身来改变吗？》的帖子，是很多普通人把自己的健身经历发布在知乎上的集锦，看得我很羞愧。你想啊，容貌这种似乎是天生的资本，都可以通过后天的勤奋和有毅力的锻炼实现改变，那真的还有什么不能改变的吗？我们眼下的生活，难道不会有更好的可能吗？

我所认识的一个微博大V五年来每天坚持发至少一篇自己的原创微博，不管是在开会、出差，或者面对家人的生老病死，从未有过间断，或许有人会觉得这很容易，那么你坚持一年试试，五年的坚持一定有超出常人的毅力。某个小有名气的编剧，这么多年来，每天早上起来的第一件事就是看一部电影，每周至少看五部，休闲娱乐时看电影很好玩，可是把这个事情延续十几年，是习惯，但习惯的背后，一定也有坚持，毕竟让你每天都吃一种菜，它再好吃，你也会吐的。

很多时候，我都会觉得坚持、勤奋和有毅力地生活都自带一种偏执与傲娇的美感，也许它们本身也是一种专业的体现吧，而一个东西一旦专业，都特别容易吸引人。我不是狂爱村上春树的小说，但是我很喜欢这个老头，他每天规律地写作，规律地跑步，直到把这种气息都自然流露在了他的文字之中，有一种清洁的美感。一个人之所以与一群人不同，大概也就来源于内心对某种东西的有毅力的捍卫和保持吧。

反正，我是坚信：有毅力地做某件事情，就一定会幸福的。对此我一点怀疑也没有。

与其抱怨不如整装前进

我在读书的时候有一个朋友叫小楠，这人不喜欢讲话，做事非常有目的性，每次我们在一起聊天的时候，他总是能直入主题，然后做出一些总结性的结论，最后让我们不知道如何接下去。每次我们几个做出格的事情，他总是最理智的人；每次我们几个喝酒喝成醉狗的时候，他就是那个负责把我们送回去的人。

虽然是好朋友，但是每次我都会往坏处想，他这辈子的生活可能就是这样，不会有太多出彩的地方，不会出大错误，也不会有让我震惊的“彩蛋”。

有天我和东商量着，说：“这货每次都看我们喝多，哭得不行了，这次我们两个一起灌他，非要让他说点儿泪奔的事情，即使他没有，也要看看他内心深处到底装着什么。”那天，我拿酒杯不停地碰他的瓶子，东则一次次和他干到瓶子翻过来，后来终于看到他瘫坐在凳子上开始笑，然后，讲了一个关于他自己，而且让我震惊的故事。

那是一个暑假，高三的学生丢掉书包、烧掉课本，开始疯狂地旅行，开始了驰骋在球场上的比赛。而小楠却已经开始纠结自己报考的志愿了。因为父亲是部队的，小楠从小就给自己定下了目标，以后也要报考军校，为国效力。可是，小楠的父亲坚决反对小楠进入部队。

其实一个家长不让自己子女承继自己的事业有两个原因：

一是明白自由的可贵，知道每个人都有自己的生活和喜好，孩子也是一样的，不能将自己的想法强加给孩子，这种家长是伟大的；

二是深知自己的生活不是自己想要的，自己已经过得很难受了，而孩子明明可以有更好的选择，这种家长更伟大。而小楠的父亲，不管基于哪种考虑，就是坚决反对他考军校。

两个人吵了几天后，无果。小楠的父亲拿走了小楠的报考表，藏了起来，准备帮他报好了再告诉他。第二天，抓狂的小楠不见了。

父亲找了他两天，焦虑得到处打电话。而此时此刻的小楠，一个人去了大兴的一个特种大队，静坐在门口。那天是一个炽热的日子，知了叫破了天，鸟也张开翅膀像老鹰一样准备展翅高飞而且仿佛一辈子不准备停下来。

门岗看到一个小男孩坐在部队大门口一天一夜了，好奇地走过去，看着小楠，问："小伙子，你是干吗的？"

小楠抬起头，慢慢地说："我要见你们政委。"

那天下午在政委办公室，政委打电话给小楠的父亲，终于，他父亲妥协了。

小楠走进自己梦寐以求的军校，训练比别人都刻苦，表现比别人都好，别人跑步跑五千米，他就跑一万米；别人学习到九点，他就学习到十一点。大二，他遇到了同样爱在图书馆看书的我。我们成了好朋友，喜欢聊聊自己这周读过的那些好的文字和一些新的想法。

我们一起做过的疯狂的事情很多，我曾经把这些故事写成了小说，后来因为话题太敏感而最终没有发表。我们甚至无话不谈，可是，我清楚，我是注定要离开这个环境的，因为我生性喜欢自由，不愿意被束缚；而小楠不一样，他有很强的忍耐力，喜欢这种坚韧不拔的日子。虽然道路注定不同，但是我们都互相祝福着彼此。一年后，我离开了军校，去追求自己想要的生活了。

本来故事到这里就结束了。可是，两年后的一天，我接到了小楠的电话。在此之前，我没有了小楠的所有信息，只知道他被分配到最艰苦的地方了，那里连手机都不让用。据说那里方圆几十公里都没人。

小楠说："尚龙，明天，我想去找你。"

我说："你还活着呢，哈哈，可是你怎么出来啊？不是不让出来吗？哎，不是不让用手机吗？"

小楠说："你别管了。"

那天，我和东、耗子几个好久不见的好兄弟聚在了一起，见到了黑许多而且两年没消息的小楠。我们以为小楠带来一个升迁的消息，后来小楠喝了一杯酒，缓缓地说了一句震惊全场的话："明天哥儿们就能退伍了。"

那天晚上除了他充满希望的笑容，我就只能隐隐约约地记得大排档的嘈杂和喝酒撸串的自由。他说："来到最艰苦的地方，该体验的都体验了，也该换个生活方式了。"

他继续说："一开始父亲不同意，单位领导也不同意。尤其是我爸爸，我两周没有接他电话，哈哈，我又想起了五年前的那个夏天。"

我问："那你想好以后要干点什么了吗？"

小楠说："可能会做和摄影有关的事情吧，我最近在学习呢，算是初学吧，跟你这个大导演不一样。但是无所谓了，反正我们能常聚聚了。"

这个时候，东问："可是，毕竟坚持了五年，你不觉得这五年白白浪费了？要是这五年学习摄像就好了。"

小楠喝了一杯酒，说："其实不存在白活的日子。不经历那些，我永远不知道自己爱什么；不经历那些，我永远不知道现在的生活是多么可贵；不经历那些，年老的时候，我一定会后悔这些没做只是想想的日子。”

那天，我们喝了很多。然后在KTV唱着五月天的《咸鱼》,哭得稀里哗啦。忽然明白，其实这个世界上没有所谓一条白走的路。就像你走在一个十字路口，你永远不知道下一步你要向东南西北哪一个方向进发。一些人在行走的时候有高人指路，告诉他们这条路可以这样走，那条路走完会是什么样的，虽然容易了很多，可是失去了那种未知的快感和有趣的不确定性。

一些路，只有你走过了，才知道这条路是不能走的，这样并不影响你的速度。因为，生活和速度无关，和终点无关；和路程上的风景，和陪你的人，和走路时的心情息息相关。

我记得当时读乔丹自传的时候，里面有一句话很感动我，他说：“如果不打两年棒球，我永远不知道自己这么热爱篮球。”我想，如果乔丹不打两年棒球，而是在拿到三年总冠军戒指后，继续另一个三年的NBA（美国男子篮球职业联赛）生涯，他不可能最后拿到六枚总冠军戒指而成为NBA赛场上的传奇。

有时候我会觉得，明明两点之间最短的距离是直线，上帝为什么让你绕着走。

后来随着成长，我开始明白，两点之间的直线虽然最短，但是那条曲线是最美的。而世界上美丽的图画，很少有直线，都是由那些曲线构成的。

小楠的故事到此结束了，现在的他我也不知道在哪，只是知道他终于迈出了第一步，或许他以后想当导演也不一定。无论如何，这一路，他看见的风景、经历的事情，是金钱无法买到的。

没有什么路是白走的，没有什么事情是白做的，这些看似无意义的事情，都是成长的基石。在我们的生命中，每个插曲都有着自己的意义，所以不要抱怨为什么不早点儿做，更不要后悔要是做了什么事就好了。你有后悔、抱怨的时间，不如整装前进。

决定你人生关键期的是你选择坚持还是放弃

我经常收到一些在校大学生的来信，询问关于实习和学业之间该如何分配时间的问题。比如："公司说最好全职实习，那上课怎么办？""我现在是大四下学期，需要写论文，但是也要实习，如果申请一个月的假期，我的实习位置很快就会被人顶替。我在这家公司实习快一年了，眼看到了决定能否转正的关键时期，我不想这样放弃。"

我想了想自己带过的实习生，好像也发生过类似的事情。仔细想想，无非就是无法平衡学业和实习的问题。他们确实很困惑，但给人的感觉是，这些年轻人不能承受一点点的压力和紧迫感。我曾经仔细观察过他们的工作状态，看到了下面的现象：一到中午就看不见人影，不到下午两点不回来。一到下班时间就开始相互召唤着大声商量去哪里吃饭、唱歌。微博上常有一起吃吃喝喝的照片，工作做不完就出去玩，之后再回来加班到深夜，然后抱怨没有时间兼顾学业。

同事之间吃饭、唱歌、交流感情当然可以，但对实习生来讲，这并不重要。如果你有时间吃喝玩乐，为什么不能回宿舍写论文、看书、做作业呢？你的时间真的是被公司占用了吗？

为什么公司愿意招聘名校的学生作为实习生甚至是正式员工？这也一直让二本学校出身的我觉得很委屈。直到有机会到北大进行了两年的交流学习，我才明白其中的原因。我一直都觉得名校生也就是高考成绩高一点儿，后面怎么样还是要看个人发展。但经历了这两年我忽然明白，名校生意味着更坚韧的态度，更笃定的信念。

这两年中，我学会了在半小时内吃饭、换教室。习惯了中午上课时依然保持精神高度集中。见识了上课的时候，某帅哥捧着一寸厚的英文原版书大快朵颐地阅读，也适应了期末考试全部结束后，依然到图书馆学习学习再学习。这些坚持也许并非来自个人意愿，更多的是环境的迫使，但结果是，这些学生从中学会了承担压力，让内心坚强，并能更好地平衡时间。明白这个道理的时候，我也学会下意识地强迫自己去承担更多的责任，希望自己也能变得和名校生一样优秀，而不是自怨自艾。

我的很多师弟师妹在一些很有名的公司供职，BCG、麦肯锡、宝洁、IBM等，他们几乎每一个人在此之前都经历了漫长的实习以及艰苦的面试。我的一个师妹，大一时申请了我的实习生，但是面试没通过。我跟她讲了问题所在，没想到她真的用了两年的时间去弥补自己的缺陷，大三时重新申请，成功入围。在实习期间，她也要去上课，也要参加社会活动，交朋友，写论文。一年之后她留在了公司，去年申请到了唯一的名额，去美国总部边读书边工作。我曾经跟她说，看着你我都觉得累。可结果是，她不去谁去呢？还有谁比她更能坚持呢？

记得临近大学毕业那段时间，因为即将在著名的K公司转正，我被邀请去一些学校分享关于实习和找工作的经验。很多同学都问了我同一个问题："究竟是什么让你成功地从实习生转正，拿到我们都渴望的录用通知书？K公司很少招应届毕业生的呀。"

我的答案是，坚持和不懈的努力。

我记得大四那年，周一到周五我都要在公司上班，下班回到宿舍熬夜写毕业论文，周五晚上坐一夜火车回东北的学校参加各种考试，周日晚上再坐火车回到北京。这样的日子持续了整整两个月。

我曾经以为就我一个人经历过那么痛苦的日子，后来四处询问那些已经顺利入职且发展非常快的新员工：“你们当年是怎么过来的？”

“晚上写论文，还有周末也写论文。加班结束到晚上睡觉不是还有两个小时的时间可以利用吗？”

“就坚持着，一边上课一边写论文。我出国做交换生的时候也是前10分钟还在打工洗碗，后10分钟已经在上课了。”

“都是挤时间，哪有那么多整块的时间啊。白天来实习，有课的时候就坐公交车回去上课，写作业写到深夜两三点，早晨8点起来继续上班或者上课。这也没什么，都熬过去了。”

有时候，一直坚持就能成就一件事。那么多优秀的人都在努力，你还等什么呢?

奋斗可以改变一切

童年本应该是一个人最幸福、最快乐的时光，然而不幸的是，他却患上了一种名叫骨结核的病。由于发现不及时，加上家里贫困，未能得到良好的治疗，结果导致膝盖永久僵硬，成了残疾人。

小小年纪的他，不光要承受身体上的痛苦，还要承受心灵上的折磨。未来对他来说，简直一片黑暗。每每看到别人蹦蹦跳跳，活跃在运动场上时，他的心就如同被刀绞一样难受。他觉得自己是这个世上最不幸、最可怜的人，活在世上，除了给父母和社会带来拖累外，根本没有丝毫的益处。关心他的人看到他这个样子，都不免叹息，心想，这个孩子完了，也许一生都要依靠父母养活。

有一次，他绝望地对母亲说："妈妈，你让我死了算了，我活着有什么意义呢？只会给你们带来麻烦。"

儿子的请求让母亲的心都快碎了。说实在的，母亲的心里比儿子还要痛苦，因为孩子的不幸到了母亲那里，常常是要加倍的。母亲的泪水在眼眶里直打转，但她强忍着没让它落下来，因为母亲知道，此刻孩子最需要的是鼓舞和温暖，而不是伤心和眼泪。母亲没有直接回答他，而是郑重其事地问："孩子，你听说过上帝造人吗？"

他点了点头。

母亲又接着说："孩子，其实，上帝是很公平的，他造就了你这方面的优点，就一定会造就你那方面的缺点。比如，上帝赐予了你智慧的头脑，就可能不会再赐予你漂亮的面孔；赐予了你强健的体魄，就可能不会再赐予你细腻的思想；赐予了你动听的歌喉，就可能不会再赐予你敏捷的身手……因此，这个世界上没有十全十美的人，也没有一无是处的人，每个人都有各自的优点，但每个人也都有各自的缺陷。大可不必为自己的优点沾沾自喜，也大可不必为自己的缺陷自暴自弃。每个人都有他自身存在的价值，有的人在科学上做出贡献，有的人在文艺上做出贡献，有的人在体育上做出贡献，有的人在建筑方面做出贡献……虽然你的双腿残疾了，但那只是上帝跟你开的一个小小的玩笑，相信他一定会在其他方面补偿你的。”

听了母亲的诉说，他的灵魂受到了极大的震撼，心里立刻充满了阳光，原来上帝没有抛弃自己，活着是有价值的，是可以为社会做出贡献的。从那以后，他不再为身体的残疾自卑、烦恼，而是全身心地投入生活和学习。多年后，他以优异的成绩考入了维也纳大学医学院，致力于耳科神经学的研究，并最终取得了举世瞩目的成就。

他就是1914年诺贝尔生理学和医学奖的获得者罗伯特·巴雷尼。巴雷尼的故事告诉我们，不要随便轻视自己，也不要向命运妥协，更不要轻言放弃，即使你是一个“不完整”的人。世上之事，没有绝对的可能，但也没有绝对的不可能，奋斗可以改变一切，可以弥补身体上的缺陷！

其实，你并不是没有梦想

曾经看过一句话，说："梦想就像内裤，你不能没有，但你不能逢人就告诉别人你有。"虽然这话有点糙，但是很有道理。这两天和朋友聊天，谈到这个问题。

他问我："你毕业了以后想干什么？会在哪座城市生活呢？"

我很茫然，说："我还没想好。"

他是从很小就有清晰人生目标的人，他说："你怎么会没有目标呢？你难道都不知道你自己以后想做什么吗？"

于是我开始思考这个问题。他说，让我去做一些职业生涯规划的题目，来测试一下。其实我做过，而且也挺准的。我适合做作家，文字编辑。但是，我并不想那样。我总觉得有些东西需要随性一点，才有发挥的空间，也会更好。

最后我告诉他，我不是没有目标，没有梦想，倘若真的那样，我这几年所做的一切都变得徒劳无功了。虽然我没有很明确的目标，但是大致的方面是有的，像"变成我自己想做的人，做我想做的事"这样的目标还是有的。

其实我觉得，人生并不是一个路线图，要原模原样照着上帝给你安排好的道路走，每每在人生的十字路口的时候，我都是凭着感觉走的。我期待下一站的惊喜，我也不是一个安于现状中规中矩的人，我希望我的人生充满精彩和刺激。

说实话，谈到理想这个话题，我还是会有一点迷失和茫然。我常不自信，怕立下太多的梦想无法实现，也许是我不够努力，所以才常常笼统地说。只是，乐观向上，这个是必须要有的。

今天看了关于快乐大本营主持人谢娜的一些搞笑视频，在关注她的微博的时候就会发现，其实她是一个能够感染身边人的快乐姑娘，常常没头没脑，神经大条，但是她过得很好不是吗？有些人，过得快乐便是最大的梦想。

爸爸给我打电话的时候也总会说到一句话："过得开心就好！"这是让我最感动的。而人生在世就是这么短的一辈子，一辈子太短，所以当然要足够的快乐。我记得高三的时候，我总会用范玮琪的那首《最初的梦想》来激励自己，那首歌总是给我很多动力，让我在疲惫的时候能够继续坚持看书，在偷懒的时候想起自己的未来然后又继续学习。而当高考结束，一切都松懈下来之后，感觉心里一下子就放空了。小学六年，初高中六年的时间就为了一个高考，其实想想不值得，但是没有办法。之后进入大学，相信很多大学新生都会和我一样有过迷茫。

有些人在这些迷茫之中一蹶不振，而有些觉悟得早，然后努力向上，于是人生就拉开了差距。

而人们真正的理想又是什么呢？我想有一个理想是共通的，那就是："让自己在这个世界上活得值得。"

总不会有人说希望自己的生命一文不值吧。而那个所谓的值得，我想人们的价值观不同，便会不一样。比如我，前天翻开自己写过的日记，发现有一篇《我的一百个梦想》，是仿照七堇年写的。写了一百个自己想要完成的目标。朋友说这很无聊，如果说梦想能写得出来，那就不是梦想了。而我却觉得，如果这一百个梦想都实现了，那么我的人生也就值得了！

因为一个伟大的梦想，是由许许多多卑微的小梦想、小目标组合而成的。

凡事贵在坚持

一条柔软、细小的溪流，它总是静静地、缓缓地流淌着。它用坚定的信念激起一瞬即逝的浪花，追寻着彩色的世界，领悟着生命的真谛。它从不吝啬自己的身躯，为了寻找生命的源头，蜿蜒徐行。穿过地缝，绕过悬崖，越过高山。在遍地荆棘中开辟自己前进的方向，在深林中奋力前行，在穴潭中回旋，经过漫长曲折的奔波，突破重重障碍，终于回归大海母亲的怀抱。

一株渺小、平凡的小草，它总是悄无声息地点缀着大地。它不怕风吹雨淋，不畏艰难万险，不惧环境的恶劣，只要有一粒种子，它都可以安稳地扎根，顽强地生长。“疾风知劲草”“野火烧不尽”，写出了诗人对小草顽强生命力的赞美。一株小草，虽然只是草原中的一点绿，可就是这株不起眼的小草，它承受着狂风暴雨的噬虐，顺其自然地生长。它生存的环境缺少营养和水分，但它却怒放着生命，生长为一株活力四射的小草，它在这里播撒下希望的种子，经历着季节的轮回，繁衍着后代，足迹遍布田野、山川，终于聚集成为一望无际的草原。

一只幼小的雏鹰，在羽翼还不丰满的时候，就开始接受残酷的训练——飞翔。为了熟练地掌握飞翔技术，它经历过无数次生与死的考验，在生死的抉择中，它毅然抛弃苟活，经历太多的艰辛和磨难，它有着战胜艰难困苦的勇气，终于练就一双搏击风雨的翅膀，成功翱翔于千仞山巅，与长风、白云为伴，永远获得世人的惊艳和羡慕。

小溪如果没有一颗坚定的心向远方流淌不息、奋斗不止，就不会流入浩瀚的海洋；小草如果没有坚定的信念、坚韧不拔的毅力，就不会染绿原野、点缀山川，呈现一片生机勃勃的草原；雏鹰如果没有十足的勇气和胆量，就不会看到它搏击长空，翱翔蓝天的自由。

人世间，任何生命都要经历挫折与磨难，人生的路上也会有种种困难，也少不了临风栉雨。面对人生的挫折不幸，我们不应当埋怨生活、愤怒人生、憎恨社会，我们要学习小溪、小草、雏鹰那种不怕困难的精神，勇于面对挫折、敢于接受挑战、坦然面对现实，持有健康的心态，坚持到底。相信成功的道路就在脚下，胜利的号角将会奏响，成为前进途中的凯歌。

成功不是一蹴而就，在我们实现梦想，通往成功的路上总会有许多障碍和不顺。在这条布满荆棘、坎坷的路上，也许你会放弃，也许你会半途而废，也许你会知难而进，选择坚持。只要坚持，就会胜利，只要心中有一个确定的目标，就要有勇气坚持到底。为了心中的理想，为了看到绚丽的彩虹，就要义无反顾的不懈追求。就像瀑布选择悬崖，跌宕成一首奔腾的歌；就像昙花选择了夜晚，诠释生命的价值；就像松树选择了嶙峋的山石，成为山上最有名的风景。目标如同海上的灯塔，为我们指明前进的方向，坚持给予坚强者力量和信念，在拼搏之中燃起无穷的战斗力，坚定不移的，执着的穿过风雨，到达彼岸。

荀子说：“骐骥一跃，不能十步，驽马十驾，功在不舍。”这一哲理名言说明成功贵在坚持，天才在于勤奋。冰心说：“成功的花儿，人们只惊慕她现时的明艳，然而当初它的芽儿，浸透了奋斗的泪泉，洒遍了牺牲的血雨。”这句励志名言告诉我们只有付出艰辛的劳动，才可能得到辉煌的成果。黄蘖禅师说：“若非一番寒彻骨，怎得梅花扑鼻香。”这句富含寓意的诗句，让我们明白了只有艰苦的磨炼，刻苦的修行，才能有所成就。

人生无数次的错与失，都是因为不努力、不拼搏、不坚持。很多事情都需要在努力中不断地坚持，要有一种坚定的意念，持之以恒的精神。成功根本没有秘诀，只有坚持到底，永不放弃的人，才可能创造出生命的奇迹，享受更多的快乐和幸福。只要我们有一个坚定的信念，坚持的心态，就可以改变自己的命运，享受美好的人生。

有志者，事竟成。翻开历史卷轴，便会看到很多成功人士坚持不懈的事例：达·芬奇用心学习素描，经过勤奋艰苦的艺术实践，创作出许多不朽的名作；孙康映雪夜读，终于成为有名的学者，并当上了御史大夫；著名数学家华罗庚只有初中文化，没有导师的指点，自己在数学领域中刻苦钻研，终于攻克了数学这座坚实的堡垒，取得了胜利的桂冠……无数名人的事例告诉我们，只有勤奋才能成功，耐心坚持就可以绽放人生的辉煌。只要拥有一颗坚持的心，一直朝着理想的阶梯攀登，成功就在前面的拐角处。

一颗勤奋不息的心，能够收获累累果实；一颗奋发向上的心，能够登上成功的峰巅，看到美好的风景；一颗坚持的心，能够超越梦想。

贵在坚持，成在坚持。让我们守住这颗坚持的心，扬起奋斗的风帆，乘风破浪，驶向未来的彼岸吧！

你需要奋不顾身地闯过你的迷惘期

二十多岁，就像人生的一道坎，我们和青春相遇，身体发育到了最美好的时期，思想却到了最纠结的时候。我们真正面临走向社会最艰难的一道槛。

有的人始终坚守自己从小到大内心的追求，他们是幸福的。而更多的人则处在迷茫不自知的状态，他们不知道自己该从事何种职业，不知道自己上大学的意义在哪里。每天不知所求晃晃荡荡的，时间就这样悄悄地过去了。

在此我想问读者朋友们一句："你真的知道自己以后要干什么吗？"

不错，你现在也许过着不好不坏的生活，花着父母的钱，在周围亲戚崇拜的眼光下上了大学。

像那样终日碌碌无为的混吃等死的生活，还有丝毫令你高兴不起来的所谓的努力。你只会看着周围人的眼光自我安慰的努力学习着，在看似精彩的各种灯红酒绿的社交圈子里活跃着。你有问过自己究竟喜不喜欢吗。你怎么就活在了别人的眼光里?

其实，在二十多岁的年纪，正是你真正发掘自己，认清自己的年纪。迷茫是正常的，迷茫的日子都是可以熬过去的。

我来说说我的见闻吧。

我的高中就读于一个台湾商人资助的贫困生组成的班级里。有一次他来学校看我们。

他对我们说，他自己上大学的时候非常迷茫，不知道自己要干什么。我觉得很奇怪，像他这种富二代居然也会迷茫。

他告诉我们说，他当时用尽自己的一切资源去尝试。他干过售卖洗衣机，卖包子，开中医馆。通过尝试很多次之后，才发现自己对中医药感兴趣，于是现在他从事中医药领域，并坚持不懈取得了成功。

当我们问起他克服迷茫的办法时，他只说了两个字：“读书。”

所以，在你脑子里一团糨糊的时候，不妨利用你的资源、机遇，去多尝试。或许你会发现你真正喜欢的是什么。还有就是多读书，充实自己。在别人的经验里，或许有你想要的答案。

迷茫的日子都是熬过去的，熬过去就好了。

我常常去做兼职，干过酒店接待，干过行政工作，干过教育机构宣传，干过家教，发过传单等。但最后发现自己都不喜欢，觉得心累。

直到有一天我拿起自己以前写的小说，自己觉得很骄傲，以前写的文字竟然还会感动现在的自己。于是我在课余的时候开始静下心来写小说。虽然没写出什么名堂，但是过程我很开心，我会一直把它坚持下去。

迷茫的时候就充实自己吧，让自己动起来，脑子就不会那么乱了。当你面对生存压力的时候，你会发现这些根本不算什么。至少不会整天怨天尤人，弄得自己和周围的人都不高兴。

李志也曾经迷茫过，他在一次采访中说起，自己大学上了两年才发现大学和自己想的不一样。发现自己越来越不喜欢后，李志毅然决然地退学了。跑去酒吧唱歌，在自己喜欢的领域一步步成为名人。

李志迷茫的时候就和兄弟们一起弹吉他，一个人在出租屋里整天看书。有种乌托邦的感觉。虽然李志觉得自己有些对不起父母。但他没有在迷茫中堕落下去。我们千万别堕落，自暴自弃是可耻的。迷茫的日子都是能熬过去的。

迷茫的时候，千万不要荒废学习。对自己学习的投资所得到的回报可能会是你意想不到的。

我曾和一个同学的爸爸聊过天，他现在正在北京创业，事业蒸蒸日上。他告诉我他年轻的时候也很迷茫，不知道该干什么。

后来他毅然决然地离开湖南来到北京开始创业，到现在事业还算稳定。他告诉我说，就是当初自己一时的冲动成就了自己。

所以，当你有一个机会时，牢牢抓住吧。说不定就成了改变你一生的转折点。迷茫的时候胆子也会变小，觉得自己什么也做不好。就像做白日梦那样整天处在臆想之中，这样自然不行。

行动起来吧，年轻人，青春充满了无限可能，不走出第一步下一步你永远不知道是什么样子。迷茫的时候就整装等待一个时机吧，时机到了，就即刻出发吧。

用一句俗话就是“不要怂，就是干”。

我们很多时候都没有机会再来一次，但是二三十岁还有很多重来的机会。面对机遇多尝试吧，这样到我们老的时候才不会后悔。

这就跟谈恋爱差不多。一辈子的事别轻易决定，除非你的内心真正认可。

我忽然想起电影《一一》中婷婷爸爸人到中年时的一句话：

“本来以为，我再活一次的话，也许会有什么不一样。结果……还是差不多，没什么不同。只是突然觉得，再活一次的话，好像……真的没那个必要，真的没那个必要。”

因为每一个选择都是我们自己做的。每一条人生轨迹都是我们经过思考抉择的。它已经成为你生命的一部分了。所以我们只有活得堂堂正正，老了才能无怨无悔。

迷茫的日子都是熬过来的，谁又没有迷茫过呢？

就让我们像李荣浩唱的那样：“二三十岁的人，奋不顾身微笑着成人。”

青春是有无限可能性的，趁年轻去干你自己真正想干的事情吧。

你还年轻，依旧漂亮。

再坚持一下，就会出现转机

给男友送一个智能盆栽，或者给爱熬夜的室友送一盒斯里兰卡红茶……最近，一款能帮你“淘”时下潮流礼物，具有“扫码留声”“礼物商店”等特色功能的APP应用“礼物说”在网上火了起来。上线短短4个月的时间，用户就达到了200万，成为礼品导购APP的第一名。而成功开发这款APP的人，就是年仅21岁的温城辉。

温城辉家住广东潮汕，是个聪颖、长相清秀的大男孩。读大一时，温城辉就利用课余时间推销明信片，赚了十多万元。收获了人生中的“第一桶金”后，他信心大增。读大二时，他用这笔钱组建了一个开发团队，开发了一款可以存储录音和视频，并能印在明信片等礼物上的二维码产品。可是由于推广不利，折腾了一年，不仅没赚到钱，自己的10万元创业基金也血本无归。

为了筹集资金，温城辉一个人跑到上海去找投资机构，可是没有一家投资机构对他的产品感兴趣，结果空手而归。又几经波折，直到12月，他终于获得一笔150万元的天使投资。拿到这笔钱后，有人对他说：“北京的创业环境好，不如带着团队到北京发展吧。”温城辉觉得这句话有道理，怀着创业的激情，温城辉带着团队的七八个人到了北京。

刚到北京的时候，天气还很冷，为了节约开支，温城辉在五道口附近租了一套180平方米的老房子，男女成员分别挤住在两个房间里。环境的简陋并没有影响大家的创业热情，几张桌椅拼凑在一起，几个年轻人就坐在电脑前，没日没夜地针对产品功能进行挖掘和完善。

在这期间，温城辉没有一刻闲着，他不断去找投资机构，希望得到更多的融资，但是一天天跑下来，还是没有一家投资机构看好他的产品，拒绝跟他合作。有人还“好心”地劝温城辉：“孩子，你年纪还小，先回去上完大学再创业吧，可别让一个小发明毁了你的前途呀！”但温城辉并没有泄气。

几个月后，团队又接连推出了两个新版本，但市场反响还是不温不火。当温城辉拿着新产品又一家家地去找投资机构时，即使磨破了嘴皮，结果还是无功而返。这时，团队成员中有人开始动摇了，一则北京离家远；二则看不到产品有什么希望，不由得动了退出的念头。温城辉劝大家说：“再坚持坚持做一个版本吧，也许会有转机呢。”

这期间，温城辉一直在苦苦思索几个问题：为什么自己的产品虽然实用却火不起来？如果实在不行，要不要重新开发一款新产品？新产品会是什么样的？没想到这时转机来了，有一天，他正在为团队采购食物，意外碰到一个使用他们的二维码的用户，温城辉便问二维码好不好用？那人说：“挺好用的，但更让我头疼的是不知道挑什么礼物送人好。”说者无心，听者有意，温城辉脑袋里灵光一闪：帮别人挑选礼物或许是个切入点，能不能做一个礼品导购APP呢？回到出租屋，温城辉马上打开百度，搜索“生日送什么？”结果发现网上这样的问题多得惊人，但却没有人做礼品导购。温城辉十分兴奋，马上拍板做这样的一款APP。

新目标定下来后，仅仅用了两个月的时间，温城辉带着团队就开发出了一款礼品导购APP，即先从京东、淘宝、天猫上筛选礼物，然后用文字和图片进行包装，供用户挑选，后面有购买链接，方便用户交易。温城辉把这款APP命名为“礼物说”。2014年7月，“礼物说”DEMO版上线，不到两个星期时间，用户就达到了10万人。这时，温城辉的那笔150万元天使投资也用完了，他再次带着产品和用户数据找到曾为他们投资的那家投资机构。而这次，温城辉没有失望而归，他拿到了一块沉甸甸的大蛋糕——300万美元的融资！签完协议的那一刻，温城辉激动得心怦怦直跳。

8月，“礼物说”正式上线；10月，“礼物说”开始有交易额；“双十二”，“礼物说”一天的交易额就达到数百万元……随着用户数量和交易额不断刷新纪录，温城辉终于熬到了属于自己的春天。

凭借“礼物说”的成功，温城辉一举成为当前“90后”创业人物中的“明星”。然而一路走来，温城辉也经历过不少挫折，甚至曾一度走到失败的边缘，直到“礼物说”的成功逆袭，才帮助他打开局面。创业成功的“90后”们，除了具有年龄优势外，他们同样拥有勤奋、能吃苦、勇于坚持的精神，正如温城辉说的：“有时候，我们看似被逼到了绝望的边缘，其实只要换个思路，抓住一个点，就能绝处逢生。面对挫折和失败，我们不要轻言放弃，再坚持一会儿，也许转机就在下一秒出现。只有你不放手，失败才会撒手。”

不要小瞧了你
日积月累的进步

近两年，身边很多朋友都跟我说过同样的话，他们说，苏末，真羡慕你能过上自己想要的生活。

每次遇到这么说的人，我只能以微笑回应，我们都一样，眼光总盯着别人的光鲜，却从不在意这光鲜背后的努力。当然，听到这样的羡慕声，我都会肯定地告诉对方，以自己喜欢的方式生活你也一定行。

然而，他们却没有这样的自信，要么怨天尤人，要么苦笑认命，当然也有“众人皆醉我独醒”的积极分子，他们有很多想法，也在努力为自己做规划，打着鸡血去行动，可惜事与愿违，收获甚微，反而感到更疲惫。

对此，我想说，做更好的自己，选择和努力固然重要，但学会对自己有耐心更为重要。每个人在成长的过程中，都会经历迷茫和痛苦，会有危机感，因为这种危机感而焦虑着急，一刻都不敢让自己停下来，反而因此走了弯路，其实真的大可不必。当你慢下来，耐心对待自己的时候，你会发现其实很多时候，不是生活辜负了我们，而是我们误解了自己。

那么，我们到底该怎么做才能一步一步成为更好的自己，过上自己想要的生活呢？今天我就跟大家分享下我的三个经验：接受生活中的不完美；找到自己的兴趣点；学会对自己有耐心。

[接受生活中的不完美]

我是一名作者，从大三在杂志发表文章到今天出版了两部个人著作，应该算取得了一些成绩。因此有人猜测我应该是中文或新闻系毕业，其实并不是的，我的专业与写作完全没有关系，我大学读的专业是会计学。

活泼好动爱写字的我在毕业后做着枯燥严谨的财务工作，算是生活中的不完美吧？可是，在我生活里，有太多的不完美要比这件事严重多了。

我出生的时候差点被弃养，为什么呢？因为我不是男孩，让父母的期待落空，所以我被辗转送人，在别人家流浪了几天，又被爸妈接回来寄养到我外婆家，直到初中毕业。

五岁那年，外婆去市里帮舅舅带孩子，外公忙于生计常常忘记家里还有个我。六岁，我随外婆去了舅舅家，读了小学。舅舅和舅妈很疼爱我，这是我童年里最幸福的一段时光，每天放学后，我总是吃着点心，趴在阳台上看部队新兵操练。幸福感却并未持续很久，我读小学三年级的时候，大人们再次开始商量领养的事，在舅舅试图商量让我改口的时候，我因这样巨大的转折吓得大哭，最后这件事在我的强烈排斥下不了了之。但是，这件事让我们彼此间产生了距离和隔阂，这件事也让小小的我意识到，原来我是个不被世界欢迎的孩子。

初三那年，外婆以玩笑的方式跟我详细描述了我出生时发生的一切，我无法形容心底的震惊，心中的忧伤无法排解，成绩迅速下滑。母亲每次来外婆家，我都躲在房间里沉默，当她试图让我听从老师的建议选择复读的时候，我找到了宣泄口，态度坚决的不肯复读，而是去了外地一所中专就读。

在外地，一个人的生活特别自由，我终于离开了彼此嫌弃的那个家。我在学校的日子很忙，忙着读书培训，忙着参加各种比赛，演讲，写作，写小品，办校刊，这种被关注被在意的感觉，极大程度地满足了我的虚荣心。现在看来，实际上我做的这些事只是一种变相的逃避，我想以这样的方式证明自己是优秀独立的，想让父母承认忽视我是错误的决定。

中专临近毕业，班里的同学在学校的安排下先后去了外地的车间实习，当轮到我的时候，我才开始发慌，感觉到现实的残酷，想想十八岁的年纪就要从此沦为流水线的工人，我真的没办法接受。所以，生平第一次，我主动拨通了家里的电话，我跟父母说，我不要去实习，我想继续读书。

两周后，我请假回家，与父母谈话，并再三确认想法写下保证。

就这样，班里同学都去实习的时候，我去了高中借读，选择重新开始。

纵然父母在这件事上费尽心力，但这并不代表我们之间已经和解，曾被放弃抛弃的真相令我心生倒刺如鲠在喉。

我也不喜欢大学读的会计学专业，一想到毕业后要与数字和钱打交道就浑身不自在，现实与理想的差距让我痛苦而焦躁。有天我在室友的哀求下陪她去操场跑步，围着操场跑得大汗淋漓，心情却是难得的轻松。从此以后，我学会了用运动的方式去纾解心底的负面情绪，每天除了上课，剩下的所有时间都用来读书，我有强烈的好奇心，阅读让我解开了心里的很多疑虑和困惑。

书读得多了，想法也变多，我试着把一些感悟写成文字并试着投稿，然后收到了无数退稿信，一直到大三暑假在《爱人》杂志发表了人生中的第一篇文章。

大学毕业后，我去了湖南一家企业做会计，后来因为承受不了自己在工作上的失误，用自以为体面的方式回了家。在父母的强烈要求下，我参加了事业编制考试，去了本地的计划生育办公室，编制内的生活懒散松懈，就这样我重新开始写作，写字带来的快感支撑着我熬了近两年，我把微薄的稿费一点点积攒下来，然后背着父母辞了职去了北京。

在父母眼中，写字这件事根本就是不务正业，他们对我做出的选择特别愤怒。的确，因为我刚到北京的前两年混得很惨，稿费寥寥生活清贫，为了不被饿死，我靠当“枪手”养活自己，后来在朋友的引荐下去了一家图书工作室做策划编辑，这才解决了生存问题，两年后我出版了自己的第一部作品，生活也逐渐稳定下来。父母的态度随着我生活的稳定也越来越宽容和理解。其实，所有的父母都一样，有时候之所以站在我们的对立面，并不是为了反对我们，而是我们没有表现出让父母可以信任的态度。

这些年，我走了这么多弯路，直到从心底开始正视与父母之间的问题，承认我们在彼此生命里缺席了十九年的事实之后，我才看到在这份缺失之外，我的父母是很爱我的，他们一直在努力弥补自己的错误。所以，面对生命里的不完美，我们都不必去刻意反抗或讨好，清楚自己想要的是什么，才能得到真正的安全感。

OK，说了这么多自己的成长故事，我想表达的是，在此之前，我从来没有想过，我的幸福是来自“认命”。“认命”不是被动承担，而是主动接受你成长经历中所有伤痛的、不愉快的事儿。在心底真正接受了这些不完美的存在，你会变得坦然，也会理性去面对它带给你的伤害并与之和解。

[找到自己的兴趣点]

接受生活里的不完美，不是为了取悦别人，而是为了取悦自己。

那么问题来了，我们该如何取悦自己，去寻找自己的兴趣点呢？而且，有很多朋友会说，我根本不知道自己想要什么。

我的答案是，去寻找，去尝试。

很多时候，我们之所以找不到乐趣，并不是迷茫，是因为太懒。利用自己的好奇心，你会发现这真是一件低成本高收益的事。利用我们的好奇心具体化来说，其实有很多：外向化，你可以利用空闲的时间去参加一些免费的讲座，换书活动，读书会活动，或者逛逛画展，看看舞台剧，听听音乐剧；内向化，你可以去旅行，学做手工，品尝一道美食，或者参加NGO公益组织……通过这些方式，你会发现生活中有很多美好的事，会发现世界并不同于想象，与外界交流越多，你的格局和眼界也会被拓宽，汲取了外部力量的你会感觉充实和愉悦。

更重要的是，通过这些参与，你会筛选出自己的兴趣点，愉悦自己，或者发展成为志向，还能把自己发展成一名有资本、有实力的“斜杠青年”，给自己多一些生活上的选择。

每一条通向未来的路都是走出来的，而不是从最开始就看到终点。有了方向感，再勇敢地迈出第一步，坚定地往前移动，就是对生活最好的“天使投资”。你付出的汗水不会白白流失，你做出的努力不会白费，时间会是最好的证明。

[学会对自己有耐心]

接受生活的瑕疵，找到兴趣所在。接下来，我们聊聊在设定目标后的态度问题。

我知道，我们身处一个讲究效率的时代，想要寻找和追求的东西，都能以便利的方式迅速获得。你找工作有专业的招聘网站，你想旅游分分钟就能搜到资深的攻略分享，甚至你想恋爱发个征友贴就能收获回应无数。满世界都在以效率说话，每个人被这样的节奏裹挟着，着急买房买车嫁人生子，像高铁一样不断提速再提速。

所以，我们渴望有所成就，为了这份渴望甚至超负荷加班。

我跟你一样是认同如今的社会观的，只是我不赞同以高效率作为定成败的标准。

曾经的我特别焦虑，才华撑不起梦想，什么都想要，什么都要抓，结果过得狼狈又疲惫。后来在一位广告总监身上学会了分解目标，一直到现在都受益匪浅。这个方法很简单，就是给自己要做成的事设定一个具体时间，然后做个简单的分析：现在的我与要做的这件事之间的距离，具备什么，缺少什么，然后将缺失的部分具体化，分解到每月每天中去。最初我不以为然，真正去做的时候，才明白这种看似缓慢的方法才是真正的捷径。

这个方法其实是运用了心理学的“低球技巧”理论，说的是通常情况下，人们一旦做出决定，即使条件改变，也很难半途而废。许多的业务员特别擅长运用这个技巧，他们在跟客户推销的时候，常常会先介绍价格较低，在客户预算之内的东西，等到客户深受吸引，不会随着价格的变动而动摇购买决心时，再顺势推出价格更高的商品。简单说，就是“由低至高”循环渐进，尽量避免第一时间让客户自觉负担不起而萌生退意。

这个概念放在生活里何尝不是一样的道理，无论是人生大事还是生活小节，从身材管理到内在提升，从职场打拼到情场博弈，如果我们缓一点、慢一点，追求速度也该给自己留出足够缓冲、足够弹跳的空间，以更稳妥的方式避开可能存在的风险，收获的幸福反而更丰盈饱满。

每天一点点的进步看似缓慢，日积月累的结果却不容小觑。

人生那么长，我们都该为自己的选择负责，知道自己想要什么，慢下来做事，关注内心的快乐，才能享受这美好时光。我们要做的任何一件事都没有捷径，有时候，慢慢来反而比较快。

磨难锻造成功的特质

我们无法选择命运，
我们唯一可以选择的是，
当命运露出狰狞的一面时，
坦然无畏地活下去。

每一次苦难都是命运的特别馈赠

姑姑和人合伙开了一间美容院，在她四十一岁这年。

这是她第N次创业了。自从三十岁那年她和姑父双双下岗以后，姑姑卖过服装、开过饭馆、推销过玫琳凯，甚至还远走贵州开过洗脚城，结果无一例外以亏本告终。人们都说，奸商奸商，无商不奸，像姑姑这么善良老实的人，做生意怎么能赚得到钱？连她本人也不忘自嘲说：“我这个人，天生就不是块做生意的料。”

如此折腾了几年之后，姑姑原本攥在手里的一点点存款全部打了水漂，还欠下了一屁股债。最惨淡的时候，姑姑和人一起在县城开服装店，店子开在新的步行街里，一串儿四个门面连着，看上去气派得很。当时姑姑是借了高利贷准备去打翻身仗的，谁知人算不如天算，步行街人气始终不旺，生意也跟着一落千丈。

那年暑假我去看她，偌大的服装店只有她一个人守着，为了节省开支，连卖服装的小妹也不请了。中午吃饭时，小表妹也在，我突然懂了事，推说不饿，三个人只叫了两份盒饭，姑姑还是保持着热情的天性，一个劲地往我饭盒里夹肉丝，自己光吃青椒了。

服装店没撑多久还是关门了。姑姑还算平静地接受了这个现实，为了还债，更为了一双儿女，她去了好姐妹开的超市里打工，说是售货员，其实收银推销什么都做。超市货物运来时，姑姑帮着搬上搬下地卸货，有时做饭的回家去了，她也帮着料理一大群人的伙食。其实她的本分只是售货，可姑姑说："都是很好的姐妹，能搭把手就搭把手，计较那么多干吗。"姐妹为人和气，见了她还是和以往一样亲热，但工资并没给她多开，过年的时候发给她和员工的红包也是一视同仁，都是一百块。

姑姑的腰椎病就是那时候落下的，毕竟，有些货物像酒水饮料什么的着实不轻，三十岁以前，姑姑过的是养尊处优的少奶奶生活，哪里干过这样的重活。每次卸货之后，腰都会酸痛好几天，有时胳膊都抬不起来了。

为了小表弟上学方便，姑姑一直住在镇上。她在镇上是没房子的，还是从前的姐妹出于好心，借给她一间房子暂住。我去她住的地方看过，总共一间房子，搁着两张床，吃饭睡觉都在这间房子里，平常她和姑父带着小表弟住，表妹回来了也住这，看着未免有几分心酸。屋角摆着个简易衣橱，拉开一看，好家伙，满满一衣橱的衣服裙子都熨得服服帖帖，挂得整整齐齐的。再看看姑姑，小风衣披着，紧身裤穿着，摩登的样子一丝不改，真像是陋室中的一颗明珠。我这才发现，原来自己的心酸是太过矫情，到哪个山唱哪首歌，别人瞧着姑姑是落魄了，她其实过得有滋有味呢。

再后来，姑姑连生了两场大病，先后摘除了子宫和阑尾。人看上去憔悴了不少，脸色远远没有年轻时那样光彩照人了，只是穿着打扮仍然丝毫不松懈。我问起她的病，她就撩起衣襟给我看她小腹上的两道疤，两道粉红色的疤痕凸现在她雪白的肚皮上，看上去略有些面目狰狞，我看了眼就掉转了头，她却开玩笑说："这要再生个什么病，医生都没地方可以下刀了。"

谁都以为姑姑会在超市里一直干下去，直到干不动为止。没想到事隔多年以后，她拿出多年来和姑父打工积攒的辛苦钱，又一次投身商海。当然，这次她保守多了，只是做美容院的小股东，而且兼职店面看管人，每月能拿固定工资，不至于一亏到底。开美容院这个行当还真适合姑姑，她打小就爱美，不管处于什么样的境地都把自己收拾得光鲜体面，小镇上的人一度拿她当时尚风向标，说起她来都爱叹息自古红颜多薄命。

姑姑薄命吗？兴许是的。从三十岁以后，命运从来都不曾厚待过她。病痛穷困就像那两道面目狰狞的疤痕，印在了她的身上，可是姑姑既不怨天尤人，也不妄自菲薄，而是带着那两道疤痕坦然地、面带微笑地活下去。

最近姑姑加了我的微信，她仅仅读过初中，使用起微信来却并不生疏，我经常看她在朋友圈里上传一些美容、养生的内容，想象着在老家美容院里温言细语为顾客服务的姑姑，心头时常会响起她劝我的话："媚媚，人这一生啊，说长不长，说短不短，别计较那么多，什么事情都要想开点，吃点亏不用放在心上。"

姑姑已经41岁了，这两年苍老了很多，可是在我心中依然那么美丽。不仅仅是我这么认为，听说她现在还有追求者呢。姑姑的故事常常让我想起《倾城之恋》中的白流苏：你们以为我完了，我还早着呢。

这是我姑姑的故事。

我还想说说一个朋友的故事。

阿施是我采访中认识的，她是地地道道的广东本地人。要说全中国还有哪个地方的女孩子仍保留着古代女性温柔娴雅的本性，可能非广东莫属。阿施是货真价实的"靓女"，人生得高挑秀丽，我生完宝宝后，她来家里探望我，走之后我妈再三质疑："你确定她真的是广东人？"在我妈心目中，广东人长相不漂亮，她完全想象不到，广东还有这样的美女。

人一美就容易恃靓行凶，阿施却完全没有这样的倾向。她岂止不凶，而且还温柔得很，说起话来总是和声细语的，配上动人的微笑，真让人有如沐春风的感觉。我老公和她接触不过两三次，每次都感叹说，想不到天下还有如此温柔的女子。当然，参照物如果是我的话，这个标准有点低，不过阿施的温柔可见一斑。

阿施可以说是天之骄女。她出生在小康之家，父亲是医生，大学毕业后就顺利考上了公务员，又嫁了个疼爱她且前程似锦的老公。这样的生活，顺风顺水得足以令广大女性妒忌。我承认，尽管阿施平易近人，有时候我还是会觉得和她之间颇有距离感，因为彼此境遇相差太远。

我采访阿施的时候，正是她人生的巅峰。那年是虎年，她的本命年，正好我们要找十对属虎的新郎新娘采访，阿施就是这十位新娘中的一位。当时她向我描述新婚宴尔的生活，言语间不时流露出初为人妻的甜蜜。我记得她发给我的照片，穿着白色的婚纱，赤足踩在海滩上，对着老公一脸灿烂的笑，她的身后，是碧蓝的大海。

长久以来，阿施给我的印象就像这张照片一样，美得不染人间烟火。我有时想，天使落入了凡间，或许就是她这个样子。

直到我也做了母亲，两个人比以前亲近了些，有次吃饭时聊起家庭，她忽然问我："你知道我家里的事吧？"我懵懂地摇了摇头。阿施想了想，终于开口说："我老公出了场车祸，很重的车祸。"我一下子懵了。

变故发生在一年前，那时阿施刚生了宝宝不久，孩子还只有两个月大，老公就因疲劳驾驶出了场车祸，车撞得完全变了形。老公在ICU里住了小半年，这期间阿施的妈妈也生病了，查出来居然是癌症，父亲要上班，家里家外都是阿施一个人在忙，怀里还有个嗷嗷待哺的小娃娃。最痛心的是，婆婆不但不帮她，还指责她没照顾好儿子。

再难熬的日子也会挺过去，等到阿施向我诉说的时候，事情已经过去了一年。她的老公还在住院，正在缓慢康复中，可以不用拐杖独立走动一段路。她妈妈的病情没有恶化，生活能够自理。宝宝也长大了，会走路会说话了，还会给妈妈倒水疼妈妈啦。

“我都不知道自己是怎么熬过来的。”说到这些，阿施眼圈有些发红，很快又回复了微笑。她说，最艰难的时候都想过要放弃了，那些日子里，儿子就是她生命中唯一的光。

我看着面前的阿施，她还是那么靓丽温柔，我根本想象不到，在她身上曾经发生过这么大的不幸。我和她认识以来，似乎一直都是她在关心我，工作上有什么烦恼，采访时想要找个本地人，都是找她帮忙。在过去的一年里，这种状况也没有什么变化，每次我在QQ上和她说话，她都是事无巨细地一一解答。

在她的空间里，我常常看她晒一些旅行、聚会，以及和朋友吃饭的照片，照片中阿施看上去开开心心的，只是比以前瘦了些。我何曾想到，在她产后暴瘦的背后，有着这样的变故。长久以来，阿施就像一轮小太阳，向身边的人散发着光和热，这些人中就包括我，可是我居然不知道，小太阳的内心早已经燃烧成了灰烬，曾经面临着完全冷却的困境。

“其实也没什么啦，也许是老天以前对我太好了，所以要考验一下我。”阿施说，在过去的一年里，她使出了全身的力气去努力生活，努力照顾好每一位家人，把自己打扮得漂漂亮亮的，儿子生日时让人上门拍亲子照，把全家都安顿好了还抽空去了次泰国。最后她发现，原来一直习惯被人照顾的自己也可以这么能干。

说到未来，阿施对老公的彻底康复并不是特别有信心，她唯一可以确定的是，不管处于什么样的境地，都让自己的生活保持“正常”的样子。“如果我都倒下了，一家人还怎么支撑下去。”阿施掏出手机给我看她的亲子照，照片上，她抱着儿子，两个人都在笑，比起海滩上的那张照片，她的笑容不再那么无忧无虑，而是多了一些沉甸甸的内容。我怎么觉得，这些沉甸甸的内容令她的美更有质感了呢。

如果你还想听的话，我还可以说出很多这样的故事。我奶奶的故事、胡遂老师的故事、小邬师姐的故事、保安小王的故事、我自己的故事。

是的，我之所以会说这些故事，归根到底是为了在他们的故事中找到支撑我前行的力量。这些年来，我一直过得很不开心，有时我问自己："你为什么这么不开心呢？"抱怨成了我的常态，只要是和我走得近的人，都听过我的抱怨。我总是想不明白，凭什么我这么努力，却一直得不到回报？凭什么人家可以轻松自在，我却要这么辛苦？凭什么不公平、不走运的事，都要落在我的头上？

我一直认为命运亏待了我，到底是不是这样呢？答案已经不重要了，当你听完姑姑和阿施的故事，就会发现，即使命运亏待了你，即使生活辜负了你，你也要做到不辜负自己、不放弃自己。那么多人在用尽全力生活着，那么多人背负着伤疤仍然不忘微笑，我如果再不打起精神活下去，又怎么对得起老天赐予我的生命。

人是多么脆弱，每一次苦难都会在我们身上留下难以磨灭的伤痕；人又是多么坚强，只要苦难不足以致命，就会在泥泞中挣扎着站起来，重新出发。

我们无法选择命运，我们唯一可以选择的是，当命运露出狰狞的一面时，坦然无畏地活下去。

人生是个大舞台，有笑也会有泪

人最软弱的情感是舍不得，舍不得一段不再精彩的感情，舍不得一份虚荣，舍不得掌声。我们永远以为美好的日子是会很长很长的，不必那么快离开。就在我们软弱和缺乏勇气的时候，美好的日子毫不留情地逝去了。

凡是走过的路都会留下痕迹。时间就像一块橡皮擦，可以轻易抹去曾经那些你有心无心错过的事情，但它却不能擦去那些因过错而烙在你心头的印痕。错过与过错往往就在一念之间。不要因为错过的事情而耿耿于怀，也不要因为过错而郁郁寡欢，人生本来短暂，没必要把时间浪费在过去的事情上。

不要为明天忧虑，因为明天自有明天的忧虑；一天的难处，一天担当就够了。远虑是无穷尽的，不要让远虑成为近忧。人生路上有无数的驿站可以歇脚，有的包袱可以等到该背的时候再去背，用不着把所有的包袱都背在今天的背上。我们不是超人，精力总是有限的，不要试图在今天解决明天的所有问题。

一个人把自己看得太高，就会被别人看低；一个人把自己看得低一点，就会被别人看高和尊重。故意抬高自己是一种心虚，故意贬低自己也显得矫揉造作。平和的神情、真诚的态度和不在意别人眼光的肚量，是祥和生活的保证。

做一件事情，不管有多难，会不会有结果，这些都不重要，即使失败了也无关紧要，关键是你有没有勇气解开束缚的手脚，有没有胆量勇敢地面对。很多时候，我们不缺方法，缺的是一往无前的决心和魄力。不要在事情开始的时候畏首畏尾，不要在事情进行的时候瞻前顾后，唯有如此，一切才皆有可能。

越是当你滔滔不绝的时候，你的愚蠢越会暴露无遗；越是当你洗耳恭听的时候，你的智慧越会快乐生长。聆听是取人之长，补己之短的良方；聆听是沟通双方，尊重对方的桥梁；聆听是抛弃错误，远离懊悔的法宝。沉默能省去许多烦恼，倾听是最大的智慧。学会倾听，你会发现世界也在跟着你笑。

每当疲惫的时候，那就停下脚步，遥想追寻的远方，汲取力量再上路；每当困惑的时候，那就停下脚步，梳理纷乱的思绪，驱走迷茫再上路；每当痛苦的时候，那就停下脚步，抚摸流血的伤口，擦干眼泪再上路；每当放弃的时候，那就停下脚步，做出艰难的取舍，振奋精神再上路。我们停下脚步，其实只为走得更远。

当人的情绪处于低潮时，对任何事情都提不起兴趣，要学会转移注意力。有些事情既然已经成为事实，就尝试着去接受、去面对。一个人不可能改变世界，世界也不会因你而改变，你所能做的，就是适应世界，不钻牛角尖，不要和别人攀比。你的生活应该有你自己的精彩。

活在当下，把握每次的机会，因为机会稍纵即逝，为自己的生命找到出口！小事情，幽默地说；没把握的事，谨慎地说；开心的事，看场合说；伤心的事，不要见人就说；别人的事，尽量少说；自己的事，听听自己的心怎么说；现在的事，做了再说；未来的事，未来再说。

人生是个大舞台，你演好自己的角色就可以了，记得要量力而行，千万不要好高骛远，最重要的是把握当下，把握你能把握的一切。认真地过每一天，这才是你人生的意义所在。

允许你的人生出现一些意外

人生不是只有艰险，它还时时充满了诱惑与遐想，充满了美的憧憬和渴望。

这世界唯一不变的真理大概就是变化一直都在发生。换句话说，即使你原地不动，人生的转折依然可能扑面而来，生活的巨浪有时会越过防波堤，让你措手不及地没入水中，很多时候你甚至还没来得及学会换气。

无论学业出了状况，朋友间发生争执，健康出了问题，或者公司来了咄咄逼人的后辈，部门换了领导，还是行业换了风向……人生的转折常以意外的形式出现，不管你喜不喜欢，也不管你是否已经准备好。生活似乎就是一场在游泳过程中学习游泳的游戏，就连结婚与生子这样的喜事背后也都隐藏着人生的重大转折。

生活中的大事小事，都像是路口的转角，永远无法预测转过去之后将会遇到什么样的人，什么样的事，转折往往意味着生命轨迹的改变。正因为很多转折并非我们所选，所以难免心生怨念，“为什么是我？”“为什么这么不公平？”这些对命运的控诉完全可以理解，因为转折通常也意味着挑战和不确定，恐惧和反抗是很多人面对威胁时的第一反应。这并非说明我们心理素质不够强大，我们对待这些情绪的方式才是关键。接受自己的反应，而非盲目地抗拒和否认。

任何情绪都是一种能量，接受它，它就会流动得更快。很多人正是因为无法接受转折的出现，或无法接受自己的反应，长久地陷入负面情绪之中。如果你正在与无法选择的转折对峙，请尝试说“是”，而不是“不”。和已经发生的事过不去，其实就是和自己过不去，“生活应该如何”“别人应该如何”，这样的话其实是抗拒，不仅于事无补，还会将我们拖进怨天尤人的泥沼。人的能量是有限的，总在对抗就更加无力改变。如果自己解不开心结，不妨找到能够支持你的人聊聊，可以是值得信赖的伙伴或者那些经历过类似转折的人，他们让你知道你并不孤独，你的处境他们也曾经历。

美国心理学家朱利安·罗特提出的控制点理论认为，人对自己生活中发生的事情及其结果究竟受谁控制有着不同的解释，“外控型”的人经常会这样说，“我对发生在我身上的事无能为力，我的快乐和痛苦也不是我能决定的，我的人生完全由命运决定”。而“内控型”的人则认为，“我身上发生的事很大程度上取决于我自己所做的决定和我付出的努力，我相信我总是能够找到办法解决自己的问题。当我不能影响发生的事情的时候，我仍然可以决定让周围的环境以何种方式来影响我”。前一种人遇到挫折就会怨天尤人，听天由命，而后一种人则会想方设法，积极应对。虽然行动不一定能改变所有的问题，但是不行动往往连改变的可能都没有。

诚然，我们对生活的控制能力实在非常有限，但是对控制感的积极信念会带来积极的行动，使我们在落水的时候依然不放弃希望，努力划水，带来生的可能，而不是闭上眼等待沉沦，那只有死路一条。

当你奋力游到岸边，回望经历的那些惊涛骇浪，往往会发现命运用意想不到的方式“压榨”出我们超乎自身想象的能量、创造力和适应能力。转折往往是一次被迫的人生锻炼，只有当你学会不再把它看成让人讨厌的敌人和意外时，才有机会发现它背后是成长与强大的机会。无数成功人士的回忆录似乎都在重申那个简单的道理：老天爷给我们的礼物往往包装都不怎么样。只有带着好奇的眼光而不是指责的态度，你才有可能发现包裹着的宝物，那些因为包装不好看就拒绝打开的人，永远无法知道自己究竟错过了什么。

如果你正处在转折中，不妨问自己几个问题：“我可以从中学到什么？”“我可以收获哪些经验？”“这段经历将如何帮助我成为更好的自己？”这三个问题可以将我们的注意力从不可控制的外部因素，转移到可控的自身态度与行为，让人不再感觉那么手足无措，同时也让转折的阵痛有了你所看重的意义和价值。

没有转折起伏的电影往往让人感到无聊使人犯困，丰富多彩的人生也不可能是一条没有曲折的直线，我们不能一边要求精彩一边拒绝转折。乔布斯在斯坦福大学的毕业典礼上说过，人生就是将一个一个点连起来的过程。

无论我们如何努力规划生活，生活永远有让我们意外的情节。也许有一天你会发现，当那些转折的节点连在一起的时候，你才知道它们发生的意义。而在我们能看清这些之前，所需要的也许只是认真做好眼前的事，并且始终追随内心的信念。

沐浴风雨 方能历见彩虹

成功的花，人们只惊羡她现时的明艳！然而当初她的芽儿，浸透了奋斗的泪泉，洒遍了牺牲的血雨。

——冰心

一直很喜欢冰心的这首小诗，每每想起，总带给我一种感动，一种力量，一种克服困难追求成功的勇气。真的，实现成功不是那么简单，在明艳的现实后面，有多少人能懂得别人在成功之前所经历的苦涩与艰难。每朵明艳的花都需要奋斗的泪泉做养分，需要牺牲的血雨来浇灌。成功的过程也是一个人成长的过程，在我们每个人成长的道路上总是风雨相伴。

成长的道路上充满坎坷，遍布艰难。行走于其间的我们，可能会被泥泞绊住脚步，可能会被风雨迷蒙了双眼，但是为了成功，需要我们有坚强的意志，有足够的勇气与豪情去沐浴风雨，走过人生的艰难。

记得小时候家里养鸡，每到小鸡要孵出来的时候，我便蹲在鸡蛋旁边看，母亲告诉我，里面的小鸡开始啄壳了。我有幸看见一只小鸡从密封的蛋壳里出来的过程，每一步都如此的艰难，每一次都好像要用尽全部的力气才能啄碎那么一小块蛋壳。刚出来的小鸡身上稀稀拉拉长着几根湿漉漉的毛非常难看。然而很奇怪的是，第二天见到它们的时候，它们不再那么难看了，甚至可以说是很可爱。全身不再是光秃秃的，长满了绒毛，圆圆的、黑黑的眼睛打着转，一边走一边叽叽喳喳地叫着，充满了生机与活力。我感叹于它们为什么一夜之间完成了如此华丽的变身。

突然间我有个奇妙的想法，让小鸡自己啄蛋壳太慢，对于如此年轻脆弱的生命太辛苦，要是我为它把蛋壳打开，把它直接从蛋壳里拉出来会不会好一点？于是我便悄悄地替一个正啄蛋壳的小鸡剥开了蛋壳，并在腿上用线做了标记。后来我才知道小时候想这么干的人不只我一个。

小鸡出生后，每天我都观察我的“杰作”，但我发现这只小鸡有气无力，走路缓慢，还经常被其他小鸡挤踏。有一天我竟然发现这只小鸡死在了一个墙角，我为我犯了这样一个错误而感到一种罪恶，一种深深的自责。

随着年龄的增长，我终于明白了那个简单的道理。其实人生也是这样，生命中那些至关重要的关口，必须得依靠自己的力量去啄破命运的蛋壳。这是一个积蓄能量和磨炼意志的过程，假如走了捷径，成长的过程便会出现缺口，这也许就会成为日后生命中的弱点。也就是说在成长中，有些风雨，有些经历必须自己去体验、去尝试；有些痛苦，有些艰难，有些泥泞必须自己去克服。况且大多数人的生命是没有条件与机会去走捷径的。

由此，我又想到另一幕情景。在我儿时的窗台前面有一片空地，空地上长满了小草，茂盛青翠。后来家里盖房需要石头，这块空地便成了堆积石头的最佳场所，就在一天之内，地上的青翠茂密不复存在，只剩下一堆冰冷的石头。一个月以后，这里的石头搬光用完了，那片地又空了出来，只是那里早已没有了小草，只剩下些破碎的石渣残块，一片荒凉，原先的那些小草只剩下粗糙的根。我想这里再也长不出那样茂盛的绿色了吧，有那么多碎石块压在上面。

这样的情形继续着，日子一天天过去。转眼一个冬天过去，第二年春天的时候，不经意间我看见石块下面的草根上发出了嫩黄的芽，我认为它们是长不出来的，毕竟压在上面的石块那么多，没抱多大希望也就没有怎么在意。可是令我惊奇的是两个星期后我打开窗子，映入我眼帘的是一片绿色，就是那片被我忽略的空地上竟然是一片绿色，原先覆盖在它们身上的石块已经被草覆盖，还是一样的青翠茂盛。我惊叹于小草的自强和坚韧。于草来说，这应该是很恶劣的环境了吧。石头的夹缝间没有丰厚的土壤。而它，没有萎蔫，也没有消失，鲜嫩的叶子正昭示着它蓬勃的生命力。

以上两个儿时的经历在我的记忆中永不磨灭，历久弥新。在我们成长的过程中何尝不会遇到阻碍自己的“蛋壳”，限制自己发展的“石块”，但那又怎样呢？无论遇到何种艰难，无论遭遇怎样的不幸，我始终都相信那只是暂时的，只要心中有信念，脚下就有前进的力量。不怕痛苦，只怕丢掉刚强；不怕磨难，只怕失去希望。心怀希望，生命如春。负重前行，生命才有质感。

人生漫漫长路，常常会有这样那样的遭遇。或是学业的困惑，或是朋友的欺骗，或是家庭的变故，或是失恋的痛苦……面对生活的种种磨难，我们要当强者。磨难不只是情绪的体验和肉体的折磨，磨难也是生命的一种过滤，不畏惧就能松弛自己，就能从负重的身心滤出坦然的心智。磨难是祸，也是福，它可以锻炼我们的意志。生命中经历坎坷曲折，人生的价值才能充分体现出来。跨过艰难才会懂得生活的意义，从而更热爱和珍惜生活。

成长的过程一层是挣扎，一层是蜕变，挣扎与困惑是年轻时的常态，只有学会坚强，我们才能以青春的名义为人生留下珍贵的回忆。所有的忧伤都只是简单的音符，装点那长长短短的人生旋律；所有悲凉都只是路边的野花，点缀人生的漫漫长路。

成长的道路风雨相伴，沐浴风雨才见彩虹，心怀希望，坚守信念，通过努力，才能拨开云雾见月明。

强者都是从弱者开始的

有个穷人，很穷，一个富人见他可怜，就起了善心，想帮他致富。

富人送给他一头牛，嘱咐他好好开荒，等春天来了撒上种子，秋天就可以远离那个“穷”字了。穷人满怀希望开始奋斗。可是没过几天，牛要吃草，人要吃饭，日子比过去还难。

穷人就想，不如把牛卖了，买几只羊，先杀一只吃了，剩下的还可以生小羊，长大了拿去卖，可以赚更多的钱。穷人的计划顺利进行，只是吃了一只羊之后，小羊迟迟没有生下来，日子又艰难了，忍不住又吃了一只。

穷人想：这样下去不得了，不如把羊卖了，买成鸡。鸡生蛋的速度要快一些，鸡蛋立刻可以换钱，日子立刻可以好转。

穷人的计划又进行了，但是日子并没有改变，一样艰难，又忍不住杀鸡，终于杀到只剩一只鸡时，穷人的理想彻底崩溃。他想：致富是无望了，还不如把鸡卖了，打一壶酒，三杯下肚，万事不愁。

很快春天来了，发善心的富人兴致勃勃地送种子来，竟然发现穷人正就着咸菜喝酒，牛早就没有了，房子里依然一贫如洗。富人转身走了，穷人仍然一直穷著。

很多人都有过梦想，甚至有过机遇，有过行动，但要坚持到底却很难。据一个投资家说，他的成功秘诀就是：没钱时，不管再困难，也不要动用投资和积蓄，压力会使你找到赚钱的新方法，帮你还清账单，这是个好习惯。

性格形成习惯，习惯决定成败。

越是有故事的人，越沉静简单。

越肤浅单薄的人，越浮躁不安。

“强者”不是没有眼泪，而是含着眼泪依然奔跑。

人最先衰老的不是容貌，而是那份不顾一切的闯劲。

有时候要敢于背上超出自己预料的包袱，经历一段努力后，发现自己比想象的优秀很多。

成功的人一般不是才华横溢的人，而是最能以亲切和蔼的态度给人以好感的人。

一个人不能改变自己的形象，却能改变自己的气质；一个人不能达到理想的高度，却能提高自己的水平。

人际交往中，善良、热情、诚信更容易给人以好感。

微笑比礼貌更亲切，会给人以阳光般的温暖。

不是眼泪就能挽回损失；不是所有人都值得付出；不是伤心就一定要哭泣；不是表情都要写在脸上；不是任何人都能理解你。所以，面对生活中偶尔的不如意，要学会坚强的微笑。

有一句话：一切都有最好的安排——只要你坚持！

不幸
就是幸运

如果你遭遇了不幸，其实，也许恰恰是你的幸运。莎士比亚曾经充满深情地对一个失去了父母的少年说，你是多么幸运的一个孩子，你拥有了不幸。当时这个刚刚失去了父母的孩子正处在孤苦无依的时候，孩子充满疑惑地看着这个被人们尊敬的艺术大师。莎士比亚摸着孩子的头说，因为不幸是人生最好的历练，是人生不可缺少的历程教育；因为你知道失去了父母以后，一切就只能靠你自己了。这个孩子似乎领悟了什么，悄悄地离开了莎士比亚的目光。40年以后，这个孩子——杰克·詹姆士，成为英国剑桥大学的校长，世界著名的物理学家。

一般人通常把不幸视为人生的逆境，认为是命运的不公。可是，如果我们稍稍留意一下那些在人类历史上留下了杰出成就的人们，我们便惊奇地发现，那些有着卓越建树的人们，几乎无一例外地从幼小的时候就遇到了不幸。给人类留下了《战争与和平》《安娜·卡列尼娜》《复活》等不朽作品的伟大的俄国作家托尔斯泰，3岁丧母，10岁丧父。曾经被英国女王授予“荣誉侍从”称号的英国著名小说家毛姆，刚出生不久父母就相继去世了。著名的法国哲学家萨特也是幼年丧父，母亲改嫁，在外祖父的家里长大。而我们所熟知的伟大的苏联作家高尔基也有着更为不幸的童年了，他幼年丧父，11岁就开始到“人间”谋生。伟大的法国作家巴尔扎克，因为父母经济拮据，出生不久就被送到乡村寄养，童年几乎没有得到读书的机会。

也许我们可以这样说，这些取得了杰出成就的人们，正是因为不幸，才迫使他们认真思考自己的人生，是不幸给他们提供了挖掘自己智慧的契机。

因为不幸，使他们处在了一个人生的最低点，他们懂得了人生中每一点阳光的不易和艰难。因为不幸，因为没有亲人的呵护，因为一切都要靠自己的双手去奋斗，所以他们懂得了要扎扎实实，要刻苦勤勉。

我们也可以这样去想，幸运是成功的机遇，但也是成功的羁绊。因为幸运可以使人产生骄傲，可以助长人的懒惰，容易使人懈怠。

我有一个朋友，她在很多年以前得了尿毒症，她不得不靠血液透析维持脆弱的生命。但是，从我认识她的那一天起，我在她的身上就从来也没有发现过一丝一毫的痛苦和悲观，她对人生充满了爱，对生活充满了乐观。她开办爱心热线，依靠自己的人生经验开导那些处在困惑中的人们。她阅读、写作，发表了很多轻灵精致的散文。后来，她换肾成功，尽管她每天都要服药以减轻排异反应，她几乎要把自己所有的收入用来购买药物，但她告诉我，她感觉自己现在是天下最幸运的人，因为比起许多得了尿毒症的人，她活着，而且她依然可以工作，依然可以每天看见温暖的阳光，看见美丽的花草。

是的，当我们退一步去想的时候，不幸就是幸运。因为不幸，使我们与平庸的人截然不同了。

温室里是长不出参天大树的

遗漏的沙漏，无法倒流的时光，带不走的是岁月的芬芳，回不去的是年华的沧桑，留不住的是时间的流淌。年少的时候，总会在铺满荆棘的道路上历经艰难，正值花样年华的时候，对那些看似美好的事物趋之若鹜，随心所欲。可当青春都被挥霍一空的时候，才懂得珍惜，不免怀念过去。

当我们踏上人生的旅程，涌入社会的潮流，总会在失败中磕磕碰碰，往往很多事情的抉择没有对与错，只有它的缘由与结果。年轻的时候，总会好高骛远，一时兴起，乘风破浪，怀揣着美好的憧憬，坚信自己能够驶向成功的彼岸。可正踌躇满志时，一旦遇到重重困难，又经不起千锤百炼的打击，半途而废，潮起潮落，来时太突然，去时不复返。

曾经的青春很短暂，也很无情，自以为迈开脚步，向着前方自由地奔跑，可在万般阻挠中，能善罢甘休、妥协气馁吗？用胆怯的目光看着“层层浪，叠叠高”的社会，不敢融入集体，可是逃避现实就能高枕无忧了吗？一味地消沉、失落，伪装出虚伪的自己，可最后受伤的人还是自己。

青春如同奔流的江水，一去不回头。当青春打马而过，剩下的光阴容不得我们再挥霍，待到年已长，岁已过，不得不停歇了青春的脚步，穿戴上职业的装束，成为大人的模样，登上人生的舞台，便开始筑立起一段新的里程碑。

可是到了社会才发现，事情的发展没有想象中那么简单。面对一个人的黑夜，独守一个人的角落，承受一个人的孤单，夜深人静时，寂寞来袭，怎能不叫人惶恐不安？是否陷入了卑微的漩涡，将人生的船舵迷失了方向？是否因他人不屑的目光，把你照射得千疮百孔？是否因为传入耳边的冷嘲热讽，一度沉沦，堕落，麻木不仁，不能自我？

“别人笑我太疯癫，我笑别人看不穿”。纵使他人欺你辱你笑你，你不必为此怒气冲天，也不必因此伤心沮丧，你可以忍他容他随他，待时过境迁后，且与他探看。

尘世间千变万幻，风起云涌，未始有极。其实，人生的征途并没有想象中的那么灰暗，上天是公平的，命运总会有转机，正如“行到水穷处，坐看云起时”。一路蹒跚，颠颠簸簸，披荆斩棘，奋勇直前，凡事要持之以恒，坚信不疑，那么前方就是通往光明的康庄大道，胜利的曙光就指日可待了。

“少年不识愁滋味，为赋新词强说愁”。未经过严寒酷暑，饱受衣寒冻，肤皲裂，又岂能自卑自弃，心灰意冷？歌德曾说过：“让珊瑚远离惊涛骇浪的侵蚀吗？那无疑是将它们的美丽葬送。一张小红脸体味辛苦所留下来的东西！苦难的过去就是甘美的到来。”

是啊，再苦再累再艰难，它总会过去的，暴风雨过后，大地披上了新装，花草长出了嫩芽，万物复苏，令人耳目一新。正所谓“水到渠成，苦尽甘来”。我们要学会忘记过去，把握当下，迎接未来，敢于挑战人生旅途中的每一次艰难险阻。

掌握命运的五线谱，行之轻敲慢打，弹之缓慢有声，品之细闻有形，听之音婉动人。细细地弹奏出属于你的人生优美曲调，站在生活的舞台上，尽情地发挥自我的潜能，演绎出璀璨多姿的精彩人生，何乐而不为呢？

漫漫的人生路，何处是尽头，不经历风雨，怎能见彩虹？也许成功只是和我们擦肩而过，放下心里的重担，铲除心灵的杂草，扬起梦想的翅膀，迈开年轻的脚步，青春年华，什么事都敢想、敢做、敢当，纵然一败涂地，伤痕累累，仍需鼓足信心和勇气。“一分耕耘，一分收获”，只要你肯付出辛勤的汗水，埋下希望的种子，胜利的硕果就离你更进一步，无论满载而归还是空无一物，这里都印证着你成长的足迹。

“温室里长不出参天大树”。昨天，你还是一株无人问津的树苗，没有花香，没有树高，禁不起风雨的摧残。今天，你不必思前想后，不必忧心忡忡，只要你勇敢地伫立于大地，春夏秋冬，风雨无阻，甘受风霜雨露的熏陶，虔诚地接纳烈阳暖风的洗礼，那么，昔日的低落矮小定会拔出巍峨高俊的雄姿……

成大事的人都曾经历过一段难熬的日子

苦难是事业成功的助力，要想成大事，没有经历大灾大难的精神准备是很难成功的。

如果你从未经受过任何灾难，平平安安地度过人生几十年，而且一切也都不错，我们只能说，你是个有福之人。但是，你要想体会事业上的成功，就必须跳出目前的“糖罐子”，因为一个什么都不错的环境是很难造就非凡的成功的。

只有曾经沧海的人，才能理解这句话的真正含意。这是一句广义上的生活真理：一个沉浸在幸福环境中的人，不可能放弃自己的优越条件去挣辛苦钱，也不可能有打破现状的魄力。

幸福是一种精神鸦片，它让许多本该奋起的人放弃了努力，让许多可以成功的人走向了平庸。

因为它有个令人无法抗拒的理由：你很幸福，所以你应该满足了！在幸福这只糖罐子里长久浸泡的人，一般都患有“软骨症”，无力采取改变现状的行动，也经不起失败的打击。

幸福的爱情只有在它成为事业的动力时才应该算是幸福。否则，当你把幸福的爱情当作人生唯一的目标而彻底满足时，在事业面前，你就变成了一只懒惰虫。

幸福对老年人是重要的。因为事业和成功对于他们中的大部分人来说已成为过去时。年轻人一味地追求幸福或就此沉浸于幸福之中不思进取，这无疑是一种玩物丧志的行为。

幸福的人生是完美的人生，但是它来之不易。只有年轻时不懈努力，为争取长久的幸福赢得资格，才能够成就自己的完美人生。

糖对于现代人来说，几乎成了一种毒药，它是很多疾病的根源：糖尿病、肥胖症、蛀牙等。幸福也是这样，过量的摄入就会给你的事业造成危害。

我们当然要追求幸福，这和承受苦难并不矛盾。因为经历了人生的挫折和苦难，你才能够更深刻地体味幸福。阳光总在风雨后，只有经历了风雨，你才知道阳光的可贵。

成功的道路从来曲折坎坷，如果你想绕过去，你就没法尝到胜利的甜美滋味。

你不能给自己退路，如果遇到挫折你就退回到自己安逸的生活中去，那你遭遇困境时的退路就会成为你人生的最后依托。“置之死地而后生”就是这个意思。

即使不懈努力，同样难以避免失败的打击。

看看以下几位名人成功之前的失败记录吧：

史泰龙，在成为巨星前，无论求职、写剧本，共遭遇1500次嘲讽，1800次的拒绝。

约翰·克里西（英国著名作家），成名之前共收到退稿笺743份。

爱迪生，在电灯发明成功之前做过约一万余次试验。

多梅尔（法国马赛的一位警官）为了缉凶，行程近二万里，查阅了高达十几米的资料，打了几十万次电话，坚持了52年才破案。

事实证明：只要你具有试一万次而不气馁的恒心，你就能够点石成金。

自认为是条龙的人，在生活中绝不会以一条虫的标准来要求自己。

不要回避苦难，更不要仇视给予你苦难的人。古人说得好：“天将降大任于斯人也，必先苦其心志，劳其筋骨，饿其体肤，空乏其身，行拂乱其所为，所以动心忍性，曾益其所不能。”苦难是对追求成功者最有效的磨炼。

人无论是普通还是优秀，是弱小还是强大，也许人们真正想获得的只是一种证明。为此，我们在逆境中寻找生活的出路，并甘于经历生活中的各种磨难。如果只经历磨难，但从磨难中无所收获，或不知道如何去发现自身的问题，我们就无法正确理解磨难，更无法感谢它。为了走出逆境，摆脱挫折，我们首先要学会用一种积极的态度，面对逆境中那些折磨我们的事儿，并从中找出问题关键及解决办法。

痛苦是人生必须经历的过程

一天，有个小孩子看到一棵小树上有一只茧，好像有蝴蝶要从里面破茧而出。小孩子觉得很好奇，于是他饶有兴趣地停下来，准备见识一下由蛹变蝴蝶的过程。但随着时间的一点点过去，蝴蝶在茧里奋力挣扎，却一直不能挣脱茧的束缚，似乎再也不可能破茧而出了。小孩子变得不耐烦了，心想：我干脆帮它个忙吧。

于是他就用一把小剪刀，把茧上的丝剪了一个小洞，好让蝴蝶摆脱束缚。果然，不一会儿，蝴蝶就从茧里爬了出来，但是它的身体非常臃肿，翅膀也异常无力，耷拉在身体两侧伸展不起来。小孩子想看着蝴蝶飞起来，但那只蝴蝶却只是跌跌撞撞地爬着，怎么也飞不起来。过了一会儿，它就死了。

破茧化蝶的过程是痛苦的，可苦难是化蝶必经的洗礼，没有经历痛苦洗礼的蝴蝶，是脆弱不堪的，是无法在现实世界里生存的。人生没有苦难，就会不堪一击。正是因为有苦难，所以成功才那么美丽动人；因为有灾患，所以欢乐才那么令人喜悦；因为有饥饿，所以佳肴才让人觉得那么甜美。正是因为有苦难的存在，才能激发我们人生的力量，使我们的意志更加坚强。人的成长必须经历痛苦挣扎，直到双翅强壮后，才可以振翅高飞。

在美国，有这样一个年轻人，虽然他的家庭条件很优越，但父母早早地就让他独立。大学的时候，每逢节假日，他都要到父亲开设的工厂去上班，他用打工挣来的工资来偿还父母为他垫付的学费和生活费。在厂里，他和其他工人一样排队打卡上下班，月底凭车间给他评定的质量分和完成工作的情况结算工资。有一次，他因公交车晚点而迟到了两分钟，当月的奖金就被扣除了一半。

他大学毕业的时候，原本以为父亲会让他接管公司，可没想到，等待他的是被赶出家门的命运。他不明白，父亲有钱捐给福利院，为什么对自己的亲儿子这么苛刻，连一分钱都舍不得给他。

被赶出家门后，他想去银行贷款做生意，可父亲坚决不给他做担保，没有担保人，他就没有办法从银行贷到一分钱，只得去给别人打工。他辛苦的工作，慢慢积累了一点资金，然后自己开了一家小店，小店生意不错，他又开了家小公司，小公司慢慢地变成了大公司。但很不幸的是，他的公司因为经营管理不善倒闭了，多年的奋斗成果一下子归零了。

他一度很沮丧，甚至想过自杀，但又不甘心，最终，他决定挺起胸膛，从头再来。这个时候，父亲找到了他，让他来接管自己的公司。他问父亲："我现在是个一无所有的失败者，你为什么还要我接管你的公司呢？"

父亲说："不，孩子，你虽然跟几年前一样依然没有钱，但你有了一段宝贵的经历，这段经历对你来说是一场艰苦的磨炼，它让你学会了珍惜，学会了为人处世，学会在这个社会上坚强地生存。有了这段经历，你一定能把我的公司管理好，还会不断让它发展壮大。"

果然，正如父亲说的一样，这位年轻人将父亲规模不大的公司发展成了一家令全球瞩目的大公司，他就是伯克希尔公司总裁，有着"美国股神"称号的沃伦·巴菲特。受那段苦难日子的影响，沃伦·巴菲特一生节俭，从事谨慎，这成为他保持他的财富帝国屹立不倒的终极武器。

山民打算在山顶上建一座庙宇来供奉佛像。庙宇建好后，山民选择了一块非常大的花岗岩，切割后，一部分用来做庙宇门前的台阶，另一部分用来做佛像。寺庙建好后，前来供奉的人络绎不绝，香火极旺。一天夜里，台阶心里很不舒服，于是对佛像说：“你我本是同一块石头上的，为什么我要做台阶让人每天踩踏，而你却高高在上，受人供拜。”佛像叹了口气对台阶说：“你只经历了两刀便成了台阶，而我却是经历了千刀万剐才被雕刻成佛像。”

每个人一生都注定要遇到沟沟坎坎，品尝苦涩与无奈，经历挫折与失意。痛苦，是人生必须经历的一课。因此，在漫长的人生旅途中，苦难并不可怕，受挫折也无须忧伤。要知道，艰难险阻是人生对你的另一种形式的馈赠，坑坑洼洼也是对你意志的磨炼与考验。因此，不要抱怨生活给了你太多的磨难，不要抱怨生活中有太多的曲折，更不要抱怨生活中存在的不公。当你走过世间的繁华与喧嚣，阅尽世事，你会明白：痛苦，是人生必须经历的过程！

艰难的日子 成长最快

十年前，因为毕业时犯了个错误，我没拿到985大学的学位证，毕业证也没发，就给了个肄业证。我去一家公司应聘当销售，工作非常努力，每天早上提着两台巨重无比的设备出去推销，但因为应聘时隐瞒了自己没有学位证的事实，加上刚进入社会缺乏经验，生涩得很，到了那年的12月31日，我被那家公司开除了。

回家的路曲曲折折，我瘫在四处漏风的公交车上一个多小时才到了家。那时心如死灰，觉得自己一无所有。

即使是十年前，北京的房租也很贵，那时候因为穷，租的房间连窗户都没有，冬冷夏热是标配。那天晚上正好赶上闹耗子，房东阿姨给了我一个粘耗子的板子，元旦那天早上我起床一看，原来粘了一窝刚出生的小耗子，就我小拇指那么大，那个板儿把耗子粘的结结实实，耗子不停地翻滚挣扎，反倒挣下了一身皮毛，血肉模糊。

那天大雪连天，早上我穿个趿拉板儿，把那些挣扎到脱了皮的小耗子扔到垃圾箱里，小耗子还没有彻底断气，散着热气无法动弹。我突然觉得自己和这一窝刚出生的小耗子非常像，刚进入社会却看不到一点希望，鼻子一酸，像个孩子一样在路边嘤嘤哭了起来，惹得周围的路人都停下来看着我。

这一场哭的工夫，我想了很多事，默念了很多狠话，发了很多毒誓。不过现实依然很残酷，我在那个小黑屋里整整待了三个月才找到工作，那个工作找得是真难啊。我后来挨个给各公司前台打电话，要求人力资源部给个面试的机会，多数时候石沉大海杳无音信。后来好不容易找到了一家公司，国企改制的企业，因为我没学位，前前后后和人力部耗了两个月，最后是我反复给部门经理打电话请求给我一个机会，他们才决定要我。

对那时的我，这真是一根救命稻草。因为此前人生之路无比顺畅，自己从未步入过绝境，而毕业就折腾那一下，感觉十几年的努力就付之东流了。

我一下子变成了那个公司最勤奋的人，那时候公司九点上班，我每天早上八点到公司，八点半开始准时打第一个电话，因为那时候我负责的是铁路系统销售，我发现客户在八点半到九点间接电话最轻松。我经常最后一个离开公司，因为要给西藏和新疆的客户打电话，他们和我们有两个小时的时差，我得趁着快下班那股子轻松劲碰碰运气，看看他们要不要买设备。

可我的天赋依然很差，那时的我啊，连和人唠家常的天分都没有。刚入职时刚好赶上了部门团队建设，我和一个一起入职的女孩分到了部门经理的车上，一路上他们俩人有说有笑，而我一句话都没有说——我不知道该怎么插话，也不敢说，怕说错话人家讨厌我。我那时候真羡慕和嫉妒那个女孩，觉得会唠家常是非常厉害的天赋，她有我没有。

试用期过得也很艰险，其他入职的人都顺利通过了考核，对我的考核是介绍产品。我头一天把介绍产品的方案写了一遍然后背得滚瓜烂熟，到讲的时候却吭哧瘪肚一句完整的话都连不上，部门经理纳闷地看着部门副总：要不要他?

留下我的是部门副总，他欣赏我的勤奋。时至今日我们依然是好朋友，虽然我已发生了翻天覆地的变化，但他对我有知遇之恩，我见到他都叫他师父。和部门女经理也有联系，每年我都会给她专门发拜节短信，她也会认认真真回我一条，不过我们未再见过面。

在那家公司真正遇到转折的是两件事，第一件事是我在打扫卫生时发现了之前离职员工的所有销售笔记。那个时候还不太流行用电脑记东西，这些不大成功的前辈们把他们长久以来的工作都记在了本子上，因为统统是没有业绩的失败者，所以部门也没什么人上心整理他们的客户。我把上面所有的内容都整理在电脑上，然后有记录电话的就打，没有电话只有公司名的查114或者互联网又重新找到电话，速度异常的快，两个礼拜就把所有内容整理完了。这样我手里抓了一大批客户，后来发光发热的也是这批客户。

第二件事是一个古怪的客户，他是老铁路，南方人，他性格很急躁，有点怪，我每次给他打电话，战战兢兢的想和他聊几句天，问问他有没有买设备的需求，他都会非常粗暴地打断我，告诉我没有需求，要买的时候再联系你。我一直是个非常“墨迹”的人，坚持一个礼拜给所有客户打一个电话，周而复始，我打他挂，态度永远粗暴，直到半年以后，一个周五的下午，他给我打了个电话：我要买设备，明天你来××（某省省会）吧。我一头雾水，正要问，无奈他又把电话挂了，我只好硬着头皮买了去那个城市的火车票，临走前我记得他家老爷子是山东人，喜欢吃南方没有的酱菜，我就去六必居买了一大包各式各样的酱菜给他带了过去。到了××市我才知道，那老大哥对他领导的态度比对我粗鲁一百倍，细节不表，只说他最后几乎是扛住了全处领导的反对和我签了合同。

回去的火车上我还有点蒙，因为那是我的第一个合同，六十七万一千五百元。

是的，虽然我接到第一个单花了半年多时间，但如人生本就诡异奇怪一样，后面我的合同如雨后春笋一样，而且越来越大。到那年年底，我已经带着同时入职的几个人一起干活了。

这以后又是各种各样的风风雨雨，简单总结就是：我大概花了五年时间苦苦追赶，又可以和我的同学们坐在一起喝咖啡了。他们有的在著名央企，还有些在著名外企。又花了五年时间努力赶超，辅佐了一个企业完成上市，我自己做过投资上十亿的项目，也顺利实现了计划中的收入。

您可能以为我完成了逆袭，从最苦难的日子走了出来，事实上我也是这么想的。我觉得这十年吃了这么多的苦，一直努力追赶，现在终于得偿所愿，可以开开心心、快快乐乐地规划自己工作中的第二个十年，享受人生。

谁知命运又一次和我开了玩笑。这一次，真的把我拽到了人生谷底。

我两岁的儿子被确诊为一种罕见的神经性疾病，需要终身干预，而且无药可治。

我哑然失笑：这是我的命啊，或许我的命本该过得糊涂松垮，我追求的越多，仿佛失去的就越多。我从自己的身上看到了那个把石头一遍遍推到山顶又无情滚落的西西弗斯的宿命。

不过这一次我也变得更加强大，多年来的经历告诉我，当任何一件坏事发生时，在坏事背后一定有等量的好事在等着我，我只需要把积极的那一面找出来。我发现，这个病是一个苦难的开始，这些孩子被发现患有这个病后，因为昂贵而长期的治疗费用，很多家庭几乎一夜之间从中产阶级沦为底层群体。同时这个病又是富贵病，它几乎在富裕国家高爆发式增长，比如在中国最近三年是它的高爆发期，患病的孩子呈几何级数增长。

我决定为这个病做些什么，我约了几个挚交，邀请了国内和海外的一些专家，开了一家公司，期望帮助和我一样苦难的家长们。大家的痛，感同身受，我好像一下子又回到了起点，回到了十年前的那个工作状态，把自己填进去，找团队，找投资，用我的勤奋和思考解决我那些不熟悉的问题，全力以赴。

我顺带把肉戒了，此生吃素，既然无福消受，还是让我自己多承担些吧。

想起读《基度山伯爵》时，自己非常喜欢最后那句话：世界上本没有快乐与痛苦，只有一种状态与另一种状态的比较。经历过这么多事，我强烈地感觉到，人生幸福与否，其实并不取决于生活怎么对待我们，而是源于我们对待生活的态度。不幸福的人，无论怎样幸运，生活依然不幸，而幸福的人，只会靠勤奋和努力把握自己的命运。

为自己壮行！期望新公司一切顺利，期望能帮助那些和我一样不幸的朋友，也期望小家伙一切安好，尤其是吃好睡好。

疼痛往往是涅槃的前兆

她不顾父母的反对，随他辗转千里来到这个北方的小城。她喜欢的，是他俊朗温暖的笑，那笑容里的暖，让她觉得欢喜而踏实。北方的风，干燥冷硬，吹疼了她柔嫩的肌肤，却把她内心的幸福吹成枝头蓬勃绽放的花儿。

她以为幸福会一直延续下去，然而不过是一季花谢，她的爱情就已萧条。她觉察出他的淡漠与疏远，却并未在意，直到他淡淡地说出那句“我爱上别人了”，她才如梦初醒。错愕，惊讶，伤心，她感觉仿佛从悬崖跌落，疼痛钻心入骨。看她伤心欲绝，他无动于衷。他的冷漠和无情，深深刺伤了她，撕心的痛楚与难过，汇成了心底的绝望。

她跑到郊外的湖边，他带她来这里钓过鱼，欢笑犹在，情却已远。早春，湖面的风冷冷地吹来。她想，跳下去，所有的痛苦就都消失了。

“姑娘，帮个忙吧？”一个憨厚苍老的声音传来。她循声望去，是一个六十多岁皮肤黝黑的老汉。她漠然地看了看老汉。“老伴生病没来，还有几棵杏树没嫁接完，等树发芽时就接不活了。姑娘，麻烦你帮我扶扶树枝就行。”老汉指着身后的山坡笑呵呵地说。她点了点头。

老汉把杏树从根部锯平，在一侧切上一道口子，然后，把削好接口的桃枝插进去。“姑娘，你帮我扶着桃枝就行。”她疑惑不解地望着老汉。“这杏树都栽上几年了长势也不旺，结的杏又小又难吃，只好嫁接成桃树，要不，最后都得枯死。”老汉边说边用塑料薄膜把接口包好，再用绳子绑紧固定。老汉自语着叹息："树也不易啊，熬过旱涝虫害，还要受这嫁接的疼。"

她听了，心头一震，眼里泛起泪光。老汉语重心长地说："姑娘，我知道你遇上不顺心的事了，人和树一样，熬过些痛，受些苦，就又能长成一棵新树，甭管遇上啥事，就当是被嫁接了一回，痛过了，人才看得更清楚，更明白。湖边风冷，快回家吧，爹娘都惦着你呢。"她默默地听着，轻轻点点头。

老汉质朴的话语，让她懂得了：疼痛是生命的嫁接，也是一次新的开始与启程。

让你的人生不虚此行

生活容不下半点虚假，有多大的能耐，就做多大的事。没有金刚钻，硬要揽瓷器活，结果只能是既耽误了时间，又浪费了材料，还两边不讨好，遭人白眼。

人当然要有雄心壮志，但更要有自知之明。

一个人如果没有丰满的理想，满足于眼前酒足饭饱的安逸生活，很容易滑向堕落的深渊，一辈子懒洋洋地荒废过去，一事无成。不过，这样的生活习惯了也可能觉得很安详。

但是，一个人如果不能认清并正视“骨感”的现实，整天活在对理想的憧憬里，凌空蹈虚，不务正业，不仅会一事无成，还会在自以为壮志未酬的叹气声里度过自怨自艾的一生，永远不快乐。

生活容不下虚假，机遇只留给有准备的人。只有靠实打实的本领，才能在生活的惊涛骇浪里真正站住脚跟。靠运气赢得了一时，赢不了一世，一时侥幸赢来的，也会被有实力的后来者夺走。

雄心壮志要以自知之明为前提。无论什么雄心壮志，实现了才会有万众瞩目的伟岸，如果止于每天喉咙里的呐喊和脑袋里的空想，只能是换来空洞的回声，沦为别人茶余饭后的笑柄。

生活容不下虚假，因为生活是由每一个真实的今天构成的。幸福的真谛是一个个微小心愿的达成。摩天大楼，也是一砖一瓦盖成的每一块砖，每一片瓦的坚固，才能保证大楼即使在风雨飘摇中也屹立不倒。

梦想也要脚踏实地，一步一个脚印地攀登才能抵达。真实地过好每一天，才能使生活获得意义。

每一天都要在生活的土壤里落到实处之后，才能开花结果，长成枝繁叶茂的人生。没有学会走，就不要急着跑，不然拉伤了肌肉，可能几个月都动弹不得。

既然生活容不下虚假，我们就要努力活得真实。知道自己是谁，知道自己能做什么，比知道自己想做什么更重要。一味地好高骛远，做着不切实际的幻梦，还自以为高人一等、怀才不遇，是最可悲的。

人不快乐的根源是欲望太多而能力太小。蚍蜉撼大树，可笑不自量。凡事都有个循序渐进的过程，走稳了眼前的这一步，才能打造更强大的自我，摘到更大的苹果。眼高手低是给自己徒增烦恼。

耐得住平凡才能蜕变成不平凡。当你是一个小兵的时候，就要身姿挺拔地站好每一班岗。这样，才会有慢慢地坐上将军宝座的可能。

保持一颗平常心，把寻常百姓家东升西落的小日子都过出多姿多彩的滋味，才是真正地生活着，才有看得见也摸得着的未来。

生活容不下虚假，把幻梦抛诸脑后，把目光聚焦到眼前，认清自己的实力，认真地过好每一天。做一只勤勉的蜗牛，才能拥抱一个不虚此行的人生。

成就你人生的往往不在舒适区

在英国，有人曾统计过，最富有创新意识和创新精神的人，绝大多数是生长在外地的人。以“创新”著称于世的美国人，很难找到一生固守一地的人。所以人们讲美利坚民族是一个“无根”的民族。在改革开放后的我国农村，先富起来的农民中有不少是复员退伍的军人和跑外的人。他们广见博识，对党的政策反应敏锐，领会得快。

可见，创新的人才只能出现在流动的社会，现代文明只能在流动中形成。这不仅是逻辑的推论，更是历史的事实。

一个人要有所创新，必须具备三个基本素质，即：识、胆、才。识：指的是眼力，对事务的洞察力、敏感性；胆：指的是魄力，敢于探险的精神；才：指的是智力，文化水平，技艺、方法。三者互为依存，缺一不可。这三方面素质的形成，很大程度上取决于一个人所具有的信息量，而信息量的多少，与其工作环境、居住条件、流动性有很大关系。

一个人如果长期处在一个相对不变的环境中，循环往复地生活，没有新信息激发他去思考、去比较，很容易思维僵化，更难有预测未来的能力。相反，一个人若在无限广阔的天地里，处于不断变化的环境中，接触一些新的信息，“摩擦生热”的法则就会发生作用。他可以思路大开，把自己在不同环境中观察到的东西加以比较，找出规律，并以此预测未来，发现社会的“大趋势”。因为社会总是处于平衡的运动中，某些地方的今天，往往是另一些地方的明天。

一个人长期依偎在父母身边，每说一句话都要看看周围人的眼色，特别是父母对自己的反应。这就导致他遇事谨小慎微，工作循规蹈矩。相反，如果置身于大千世界，他就敢想敢说，敢于向传统观念挑战，敢于冒险，敢于创新。

一个人走向四方，要适应新环境，这就激发了他的求知欲，学习学习再学习就会成为一种自发行为。与知识丰富的人一起工作，可以培养一个人的竞争力、进取心、好胜心，他就会孜孜不倦地追求，以获得胜过别人的能力。新知识的输入，不仅增大他的知识存储量，而且与他原有的知识发生“化学反应”，引起知识膨胀。广泛的社会交往更使他思路开阔，乐于接受新的事物。工作、职业和地点的变化，加强了他对环境的适应力，有利于对变化无常的社会做出正确反应。远离父母，使他失去靠山，养成独立的习惯，有利于培养他的决策能力和果断性。选择职业的自由度加大有利于用其所长，发挥自己的优势。在现代社会，衡量人才的标准不仅是他的知识存量，更重要的是他的创新能量。如果一个人不把他所掌握的知识当作创新的源泉，他对社会将是一个废才。

在未来的时代，我们不可能一直在父母的保护下生存，血缘关系的脐带不可能持续一生给我们输送养料，家庭的地位不可能再决定我们自己的地位，救生圈不可能再是关系网，不应再把自己禁锢在家庭的脉脉温情之中，不应再为自己的出身感到骄傲或自卑。我们这一代人应该把爱的重心由家庭转向社会。

冲破一切狭隘观念的束缚，到祖国最需要的地方去干一番事业吧！

不经历一番磨难，你又怎能学会坚强

当你身临暖风拂面、鸟语花香、青山绿水、良田万顷的春景时，一定会陶醉其中；当你面对如金似银，硕果累累的金秋季节时，一定会欣喜不已。你可曾想过，那盎然的春色却是历经严寒洗礼后的英姿，那金秋的美景却是接受酷暑熔炼后的结晶。回眸深思，其实我们的人生亦是如此。不经历一番理想与奋斗的彻骨寒，哪能得到满身收获的扑鼻香？

理想，是第一层境界。就如一颗大树，此时它还仅仅只是一颗种子。人生的光泽需要理想来修饰，它给予人生最明亮的指示灯。有了它，我们才会坚持在属于我们自己的道路上越走越远。理想很大，可以是一辈子的理想，一个阶段的理想，一年的理想。理想也很小，甚至一个月、一天、一小时、一分钟的理想也能点燃你心中最美的星星之火，从而洗去旅途的茫茫尘埃，继续一路向前。春天的繁花如何盛开得绚烂，夏日的星辰如何闪烁银辉，人生之路，如何扬帆起航，引得一片诗情到碧霄？我觉得答案很简单——那就是让心中那颗能长成大树的“种子”落地、生根、发芽。

奋斗，是第二层境界。大树再大，它的成长也需要过程。青春本身便是一个明丽而耀眼的词汇，正处于如此灿烂年华下的我们，年轻的心不免也憧憬良多。是啊，谁不渴望成为自己生命的舵手，引生命之舟航进另一片海阔天空？从专心致志念书识字的学生派毅然成为匆匆忙忙的上班族，我们跨过了成年的分界线，生命中最华丽的章节也从这里悄悄开始上演。一心想着要飞出父母的翼护，搏击属于自己的重霄九天，毕竟，我们的青春，要由我们自己做主！而正当我们大张旗鼓地喊出口号，不顾一切地脱离温室后，面对无垠的天地，我们是否迷茫，是否该冷静一下：我的青春，我如何做主？在生活中，每个人都会遇到不如意的事，遭受挫折，被人误解，受到批评等。当时的感觉无疑是一道难以逾越的障碍。但这不就是成长中的酸甜苦辣吗，大树的成长是需要阳光跟养分的。必要的时候请将你的自信和勇气慷慨解囊。记住：温室里的花儿长得虽艳，但骨子里却永远散发不出它那沁人的芳香。

收获，是第三层境界。金秋来了，我们的人生大树也就真的长大了。它的成长折射出一段闪亮的人生之路。且不论这“树”是否高大挺拔，枝叶繁茂，甚至是否开了花，结了果。也不说这大树最终的收获是否等值它昔日的付出。只要是收获，便已是一种结果。如同人生，成功了，便收获鲜花与掌声，失败了，便收获一段经验，几多教训，然后从头再来。只要我们用执着打破命运的枷锁，用自信和勇气照亮生活，种下理想，不懈奋斗，相信终会有“雁引愁心去，山衔好月来”的一天，相信我们终会有收获！

往事如歌，在人生的旅途中，尽管有过坎坷，有过遗憾，却没有失去青春的美丽。相信自己，希望总是有的，让我们记住那句话：错过了太阳，我不哭泣，否则，我将错过月亮和星辰。所以，让我们一起加油！

改变你命运的往往是你寻常的努力

十几年前，当我还是个菜鸟记者，自以为是地总结了采访中的几个常规提问，专门在原先预备的问题用完了或者暖场时提出，期待有包治百病屡试不爽的效果。比如问企业家：您人生中特别重大的一次转折是什么时候？最艰难的时期想到过放弃吗？可是，这样的问题用了没几次就失灵了，采访对象笑眯眯地坐在我对面反问我："请问改变你命运最重大的时刻是什么时候？"

我被问住了，在我尚未华丽丽铺展的人生中哪有这么重大的时刻？

于是，她换了个问题："你大学时学习之外打过工吗？打工对你有什么影响？"

怎么没打过呢？简直问到我心坎上了，于是我们聊起来。

从大二开始，我就过上了半工半读的生活——因为大一的每个月，我都提前花光了父母给的充裕生活费，每次支取月银的时间都比上个月早，然后回家蹭吃蹭喝，导致金主夫妇认为我财商太差，亟须提高。两人像美国父母一样告诉我："你已满18岁，从现在开始我们每个月负担你一半的生活费用，其余的自己挣。"

虽然不敢相信，我还是识时务地接受了他们的残忍，提前走上半自立生活。打什么样的工，工资多少就直接决定了我的生活质量。

有一次，某著名品牌红酒到学校招收兼职促销员，开出了当时我们看来的天价薪水：1998年的秋天，每周工作三个晚上，工作时间6：30～9：00，时薪人民币15元，此外，一个红酒瓶盖提成6块钱。

我算了下，当时父母每个月给500块生活费，减半后成了250元，而这份工作不仅不需要占用太多时间，一个礼拜就算一瓶酒都卖不出去，保守工资也有112块5毛。俩礼拜就挣够了余下的生活费，太划算了！

于是，我毫不犹豫地报名。

培训时，厂家拿出他们的工作服——一件大红色旗袍，一看就是迎宾的那种，还有一条印着厂家名称的正红色黄穗穗绶带，还要求化妆。我瞬间石化，难道要穿这么隆重？

我跟负责人说绶带可以围，裙子不能穿。

负责人回答这是工作规定。我说要不你让我试三次，如果不穿制服不能把酒卖出去我就穿，这样的衣服和我们的学生身份太不搭调。

他是个很开通的人，想了想便同意了。

我把产品手册拿回去，仔细研究了红酒的产地、特点，以及企业情况。正式“上班”时，我穿了牛仔裤白衬衫扎了马尾辫稍微化了淡妆。

我工作的酒店经营精致湘菜，一共10个包厢，大厅另有十几桌。每个包厢一名服务员，我需要掐准时间在客人刚刚点完菜考虑酒水饮料的时候接上话头推荐我们的红酒。

工作第一天，我先和10个包厢的服务员以及大厅服务员交了朋友。都是年龄相仿的女孩，她们起初觉得大学生形象高冷，看到我这样被生活所迫出来打工的菜鸟女大学生，很快共鸣并且嘻嘻哈哈打成一片。贴心的她们，会在最恰当的时间把我叫进包厢，不错过每一次可能的推荐时机。

而我印象最深刻的，是第二次工作时遇到的客户。

服务生小姐妹把我叫进包厢时，主座的儒雅中年男士正在跟客人们商量喝什么，我立刻推荐了红酒，他反复打量我的绶带，问：“你是促销员吗？”

我说我是兼职促销员，今年大二。

他问我为什么勤工俭学做这个。

我说工资高，工作时间少，不耽误学习和玩耍。

他问我一天挣多少钱。

我说每小时15块，一周三天，一天两个半小时，此外一个瓶盖提成6块钱。

他问我学什么。

我说中文。

桌上一位客人笑起来，说你把李白的《将进酒》从头到尾背一遍，我们十个人可以喝三瓶你的红酒。

这是我强项啊，我倒水似的开始嘚啵：君不见黄河之水天上来奔流到海不复还，君不见高堂明镜悲白发朝如青丝暮成雪……

背完了问：还要附赠《蜀道难》么？

这个包厢为我贡献了三个瓶盖，更没有想到的是，主座的人后来推荐我做了他侄女的课外辅导老师，教作文。此是后话，当时他们还成了我的老客户。

一个月的促销员工作，我在记账本上记下第一笔工资1054元：450元基本工资，84瓶酒提成504元，业绩第一奖励100元，以及不穿工作服的优待。业绩第一奖是因为发动了酒店所有人帮我卖酒，我把提成给了她们，我只需要冲销量。

工作后想起那段经历，意外地发现它居然至少对应了四条职场基本法则：

1. 精准的个人定位；

2. 团队的力量；

3. 差异化营销；

4. 维护老客户比开发新客户容易得多。

当年，我跟自己的采访对象滔滔不绝倾诉，讲完就后悔了。喝着人家的茶吹着人家的空调浪费着人家的时间讲着自己的旧事，我特别不好意思地抱歉。

她挺开心地笑：“你那问题把我逗乐了，什么是人生中特别重大的转折？再重要的时刻也是因为你之前做足了准备，功夫都花在看不见的地方，你那段看似不务正业的勤工俭学对现在的工作难道没有帮助吗？”

我才知道，她原本是历史专业的研究生，意外走入商场，而谈下最重要的一笔生意，居然是因为客户对中国历史特别感兴趣。从夏商周到元明清，从尧舜禹到清十三帝，聊了很多次产品和若干次饭局，在竞争条件几乎同等的情况下，她胜出了。

我现在还记得她对我说：“大学时代我就觉得学的课程都没有用，除了当历史老师还能做什么，总想学点‘有用’的东西，工作不好找就考研，至少提升了学历。只是，我没有想到曾经被我看做‘无用’的专业，成了拓展业务的临门一脚，就好像在某一个不起眼的时候遇见的不起眼的人，做过的不起眼的事，或许会成为影响深远的机会。只是，人不能功利心太重，太计较得失和每一天的意义反而与机缘擦肩而过。”

请问什么是改变你命运的重大时刻？

后来，我再也没有问过这样的问题。

谁的生活不是由无数看似平凡、无用、琐碎的瞬间构成？谁的变化不是从点滴的量变积累最终转化为破茧成蝶的质变力量？

不用期待命运在某个瞬间被突然扭转，那些改变我们人生的能量，就在普普通通的每一天。

祝你越努力越幸运，或许它就是你未来闪耀的起点。

转折点上，你是否做好了这些规划

“我们每个人在年轻时都是比较高傲和浮躁的，老是想着一步登天！”虽然这句话听起来很朴实，但我认为其中蕴含着深刻的职业定位道理。它告诉所有还没有到30岁的职场人：在30岁之前，你的职业该如何去定位？做好职业定位和规划比挣钱更重要。

耐不住性子，心气浮躁，这山看着那山高，眼高手低，只要给更高的薪水，不管什么行业，不管能干多久，不管是否符合自己以后的发展方向，跳槽是义无反顾……这些都是现在最常见的职场现象。

古语有云：“欲速则不达！”老子说：“合抱之木，生于毫末；九层之台，起于累土；千里之行，始于足下。”荀子说：“不积小流，无以成江河；不积跬步，无以至千里。”这些道理告诉我们，职业发展也要遵循循序渐进的自然规律。

30岁之前，对于一个职场人而言，应该做到“六要”：要戒骄戒躁，要谦虚务实，要诚实肯干，要勤奋好学，要慎近思远，要大智若愚。只有这样你才能有一个好的心态，心态决定了你有一个好的定位，定位决定了你有一个好的规划，规划决定了你有一个好的未来。所以在做职业规划之前我们需要做到以下几件事：

第一件事，职业规划三要素分析：爱好、性格和特长。

首先，爱好。我认为爱好应该放在一个职场人职业生涯规划的首位。因为只有你喜欢这个职业，你才可能去主动投入，而只有你主动投入了，你才可能有收获，才可能取得成就。如果你不喜欢这个职业，所有的工作你都是在被动地接受，手到了心却没到，没用心自然不会获得好的结果。

其次，性格。古话说江山易改本性难移，一个人的性格是很难改变的，但也并不是不可改变。我认为爱好可以改变一个人的性格。通常性格被分为“外向、中性和内向”，作为职场人你就要分析你的性格属于哪一种？如果你的职业决定了你的大部分时间是在和人打交道，那么外向的性格当然较好。如果你很内向就不适合做销售行业，如果你无法改变或不愿改变（改变是痛苦的），那么你最好选择其他职业。

最后，特长。特长是你现有专长和潜在专长的总称。在市场经济条件下，职业人的流动性增强，改变外部环境的空间加大，因此如何最大限度地发挥自己的优点成为自我完善的核心。世界上没有完美的东西，自然也没有十全十美的人，特长的发挥成为一个人取得成功的关键，因为有时候先天的不足很难弥补，况且有弥补不足的时间还不如用这个时间去发挥自己的优势。因此，特长分析很关键。

第二件事，选好行业。

古语说三百六十行，行行出状元；俗语又说男怕选错行，女怕嫁错郎。

在行业特性方面，有的行业发展已经趋于成熟，对职场人员的素质要求较高；有的行业才刚刚起步，需要冲劲大的职场人员。因此，如果你喜欢自己的专业，你可以选择专业对口的行业。如果你的专业无法对口（如经济学、哲学等），选择快速消费品行业或耐用品行业中发展成熟的领域是一个比较好的选择，因为在这样的行业中你能得到很好的锻炼。

第三件事，做好职业细分。

任何的行业具体细分后的岗位有很多，如市场销售人员、市场策划人员、品牌管理人员、产品开发人员、后勤保障人员、销售经理或总监助理等都统称为营销人员。

面对这么多职位你如何选择？因为刚进入某个行业，一开始阻力过大或过小均不利于职业发展。

第四件事，选好企业。

做好职业细分后，就要选择目标企业。当然，世界500强企业不一定是最好的选择，适合自己的才是最好的。

首先我们要讨论的是，选择外资企业还是选择内资企业。本人认为要结合自身情况权衡利弊，正如我在《中国营销人应该向谁学习》一文中所说，任何一件事都有好的一面和不好的一面，同时任何决定都必须要有前提。

去外资企业，首先你的综合素质要高，否则不会被录取。在外资企业（如可口可乐），由于其运作了上百年甚至几百年，所有企业营销的体系都很健全，也很规范，不论什么岗位都会受到专业化的培训，同时其有一整套完善的销售模式（如可口可乐的101系统）和方法（如可口可乐的线路图），你只要按照他的规则做事就行。因此，好的方面是：第一，你可以接受良好、规范和系统的培训；第二，掌握先进的销售模式和方法；第三，还可以给自己的职业生涯镀镀金。不好的方面是：第一，固有的模式限制了个体的创新；第二，强势品牌让销售人员在销售中始终占据主动，无法锻炼销售人员在弱势状况下的市场问题解决能力；第三，由于要求高，人员变动相对较小，个人晋升的空间有限。

而内资企业的状况正好相反。不好的方面是：第一，很难受到系统的培训；第二，销售模式和方法需要自己摸索；第三，镀金效果没有外资企业好；第四，由于品牌相对处于弱势，销售难度相对较大。好的方面是：第一，销售人员可以很好地发挥主观能动性和创新意识；第二，锻炼销售人员在弱势条件下的市场解决问题的能力；第三，凭业绩说话，相对考核公平，晋升机会多，发展空间大。

因此，我们经常说，一个外资企业的销售经理到内资企业就不一定能做好，一是不适应，认为企业不规范；二是品牌处在弱势，还要面对和解决比在外资企业多得多的各种疑难问题。一个外资企业的销售经理的市场操作能力不一定比内资企业的销售经理强，外资企业好的销售业绩是建立在外资企业的品牌和好的营销模式上，而内资企业好的销售业绩通常是建立在优秀的销售经理的成绩上（相对而言）。因此，我建议一些内资民营企业的人力资源部在招聘销售经理时，选择优秀的内资企业从业人员可能比选择外资企业员工更好。

讨论完去外资企业还是内资企业后，我们要讨论选择目标企业的基本条件。例如你选择的是快速消费品行业，那么这个目标企业应该具备以下特征：年销售额在亿元以上（至少五千万），企业所处的细分行业正在高速发展，企业产供销一体化，企业发展势头强劲，老板谦虚敬业。这样的企业首先基础好，同时经过几年的发展企业趋于规范不至于管理太乱或变数太大，同时企业处于积极实现规模经济中，企业薪酬也比较可观（比起刚起步或成熟期的企业）。其次，企业有进一步发展空间，个人发展机会更多。当然，一个新企业、商贸企业或一个规模较小（年销售额在一千万以下）的企业，也并不是不可以选择，但选择时相对的风险和对你的判断力要求更高。

第五件事，做好30岁以前的职业规划图。

古语说先谋而后动，这是有道理的。做完了以上的分析和判断之后，就要给自己30岁前的5～8年的营销生涯进行规划。形成一个清晰的职业脉络并按此脉络一路前行。

在规划中要考虑到以下重要的四点。

第一，慎重选择，求稳为先。

就是说在选择企业时一定要慎重，哪怕多花些时间，一旦选择了不宜跳槽。为什么这么说？第一，跳槽会让你再一次花时间去熟悉新的环境，出业绩的时间显然要推后，这叫耽误时间；第二，由于经验不足，职务不高，跳过去还是原职位，等于从头再来，浪费时间。第三，到了新环境人员不熟，如果企业关系复杂，或许干不长久，留下败笔（企业的人力资源部门可不喜欢频繁跳槽的人）。第四，人脉资源需要时间去建立，缺少支持的营销你如何发力，最终主动走人。而在一个企业做的时间长一些（一般至少3年），以上的问题就或许不会发生，同时更重要的是，只有你用较长的时间深入到一个企业中，你才能真正掌握一个企业营销的精髓，走马观花，看到的只是表面现象。

第二，任何企业都有自身的问题。

不要以为到了一个新的企业，这个企业就没有问题了。每个企业都有自身的问题，只是问题不同罢了。

第三，搞清时间长度和时间密度的问题。

我们举一线销售人员的例子来说明，通常情况下，一个销售人员在销售职业中要遵循1235的职业发展时间规律，即做1年业务代表，做2年销售主管，做3年区域经理，做5年省区或分公司经理。为什么这样安排？因为前3年是基础，要打牢；后7年是带团队、做管理，要扎实。其后再做大区经理或销售总监、营销总经理就驾轻就熟多了。但时间的长度不是衡量经验和能力的标准，这要看营销人员的学习能力和悟性。有的人做1年区域经理等于别人做3年，因此我说的时间密度的问题，是看你对老岗位知识的掌握程度和对新岗位的胜任能力。

第四，在规划中设定不同阶段的岗位及时间目标，知识掌握目标、能力目标和薪酬目标。

岗位目标就是你在各个阶段所要达到的岗位层次。能力目标就是你能真正管理多少人和多大的区域。所以不要被职务头衔的光环绕昏了头脑，一个企业给你一个销售经理的头衔，你却只负责一个城市的一个片区，做着业务代表相同的工作，我认为这不叫销售经理，就是个业务代表。薪酬目标可以给你增加一些前进的动力，也是你能力和价值的体现，所以薪酬的目标也是要确定的，如第一年年薪2万元，第四年年薪6万元等。

做好以上五件事后，你30岁之前的职业规划就算完成了，但如何按规划去执行和在执行中不断微调也很关键。希望这些建议能给各位营销人员带来一些行之有效的帮助。我想，如果运行良好的话，你一定会成功!

正所谓目标决定前进的方向，而方向则决定了最终的结果。

抓住属于自己的转折点，你便能从穷跨到富

“穷”这个词，每次听到都会让我后脊背一阵发凉，感觉阴风阵阵，好不难过。

这是一个令人绝望的词，想要迈过它，你不仅要像关二爷一样过五关斩六将，还要像赵云一样直取敌阵救回阿斗。难，真的很难。

之前看过一个娱乐片《一路惊喜》，里面大鹏饰演的土大款嚣张跋扈，目中无人。但是只要一听到“穷”这个字，就会浑身抽搐，口吐白沫，晕死过去。

为什么，因为他穷怕了。

城市中的白领们，职场上的三老四少们，看似光鲜靓丽，西装革履。但是当他们走出雄伟的CBD中心，踏入胡同旁的兰州拉面馆时，你要知道他们实际上也很“穷”。

忙不完的加班，被催的屁股冒烟的房租和水电费，地铁中油腻腻的煎饼味和汹涌的人潮，无休止的被劝婚劝嫁。

怎么改变呢，或者说，职场上的大家如何快速从穷到富呢?

不是说你非得抄起三尺青锋去炒老板的鱿鱼，然后自己创业一展宏图伟志。而是说，你要抓住自己的转折点。

注意，我说的是转折点，而不是机会。机会这种东西一般来说是短效的，不管是从金钱上还是从个人地位的提升上。而转折点，才是能改变你一生

的东西。

从一个领域跳到另一个领域，从一个职务换到另一个职务，从一个思路换到另一个思路，这些都是转折点。

从古至今，不少成功人士都是在遇到转折点后渐入顺境的。

职场上也是如此。机会属于运气，转折点却和你自身的关系更密切一些。

如果你想及早迎来自己人生的转折点，那么我有一些话要说。

认识更多的人，扩大自己的交际圈是十分必要的。

中国作为一个蓬勃发展的社会主义国家，在商品经济的道路上大步流星地向前跑去。相应的，人与人之间的关系越来越重要了。

你认识的人越多，那么你遇到转折点的可能性就越大。

人际的圈子内，信息是相互流动的。为什么说看不见的战争——谍战，不管在什么战争中都是极为重要的呢，那是因为当你掌握了足够的信息，你就掌握了主动权。

职场也是一样，每个人虽然在工作间中，看起来好像都是一样的，但实际上每个人都有自己的闪光点。

你知道的行业趋势我不知道，那好，我向你请教。我明白的行业潜力你要是不懂，没关系，我也可以帮你弄明白。

知道中学时好学生为什么喜欢给大家讲题吗？因为，一方面满足了他们的虚荣心；另一方面，他们通过给大家讲题又一遍摸清了知识点，熟悉了出题的套路，这对于他们来讲绝对是有益无害的。

回到职场，来来去去的，实际上知识就那么多。当你明白了规矩，看清了情况，发现了问题，那么你离你的人生转折点就已经很近了。

其次，要做到上面的这一点，就要认识更多有实力的人，你自己首先就要有自身的优势。为什么人和人之间会有那么多矛盾，实际上就是交换的不平等，我给了你那么多，你却给我这么少，这样的关系是维持不住的。

这一点尤其在情侣关系中体现得最深，因此才会有那么多哀男怨女。

传递出的信息是无形的，但是它可以帮助别人转化成有形的、有用的东西。可以是过硬的技能，可以是新的思路和可行的想法，也可以是你幽默风趣的性格。

实际上，在你加强自身建设的时候，你离你的人生转折点也在越来越近。转折点这个东西，必须具备天时地利人和，缺一不可。先做好你自己最基本的事情，转折点会来的，可能早一些或晚一些，但总归是会来的。

还有，职场中最常见的转折点不是提升，而是平级调动。

比如说，你们公司要开拓新的业务领域，干得好的话可能会有嘉奖，干得不好的话肯定要被骂。那么，你会去吗？

人作为一个独立的个体，有一个缺点，就是对于未知事物的恐惧。我们总是会对自己比较熟悉的事物产生好感和亲近感，不管是人还是具体的事物。

但是从客观上来讲，这是不好的。熟悉意味着安全，自然也就意味着缺少竞争的活力。一潭死水中不会有昂扬的生命，波涛汹涌的溪流中才会有生命的活力。

所以，当有这样的转折点时，你一定要抓住它，尤其是那种大家都避之不及的岗位，你更要争取。

新的岗位意味着新的挑战，人都是被逼出来的，你会学到更多更新的东西。其次，你经历过的岗位越多，你离你的人生转折点就会越近，而且这个转折点是明确的，就是从偏安一隅变成全局性的领导人物。

一般地方的一把手都要经历多个部门的历练。各个分领域都有所熟悉，才能做全局性的领导。

人生的机会其实很多，大的小的都有，可转折点一辈子可能才几个。当你抓住属于自己的转折点，你会发现，走向成功的这一步并不是那么难以跨越。当然，过程也许没我说的这么简单，所以需要你睁大眼睛，别让转折点从你身边随意溜走了。

生命充满奋斗和辉煌

什么能真正地感动我们？
不是天才嘴角那一抹迷人微笑，
而是你满脸汗水和泪水，
却仍然咬着牙奋力地奔跑。

为自己热爱的付出是最大的幸福

最近在家重温经典美剧《欲望都市》，感觉上学的时候年纪小没看懂。比如说第六季里面理想主义者夏洛特小姐在跟近100个男人约会后，终于找到了她理想的男人——一个各方面都非常完美的男人。

可惜他是一个犹太教徒，并且他母亲的遗愿就是让他娶一个信奉犹太教的女人。而夏洛特出生以来就是一个虔诚的基督徒，她权衡再三，决定为了爱情放弃信仰，加入犹太教。当她抛弃了基督，圣诞节甚至把圣诞树都扔出家里的时候，她觉得非常委屈，觉得自己为了完美先生放弃了一切，甚至背叛了主。

直到有一天夏洛特把从不做饭的闺蜜们集中到家里，大家手忙脚乱忙碌了一整天帮她准备犹太教节日的晚餐，想要给她的理想先生过一个完美的节日。完美先生下班回家后看到这一切非常的感动，但是吃饭的时候，他习惯性地打开电视看球赛，而忽略了与夏洛特交谈。

夏洛特就愤怒地说，我为你准备了一整天我并不熟悉的犹太教节日晚餐，难道你就不能关掉电视好好跟我说会儿话？理想先生反驳到：我很感激，但是我不过是想看一眼球赛。这场比赛很重要并且我已经调成静音了，你继续说，我听着呢。

夏洛特忍不住歇斯底里的咆哮到：我为你放弃了主，放弃了圣诞节，我为你准备了一天的犹太教节日晚餐，为什么你还要继续看这场该死的球赛！理想先生愤然离席，只留下她一个人杵在原地。虽然他们最后是幸福结局，可这终归是电视剧，现实生活中可没那么多破镜重圆。

“付出感”是扼杀爱情的首要元凶。

从夏洛特爱上理想先生的那一刻，她就了解到他只能娶一个犹太教徒做妻子。然而为了他的那份完美，她心甘情愿改变自己的宗教信仰去迎合他。整个过程中没有人煽动她，没有人强迫她，只有她自己想要跟完美先生结婚的欲望在驱使她。

那么她所有的付出都是自愿的，怨不得任何人。只是渐渐的，她觉得不值得了，不平衡了，于是就歇斯底里地索取回报，却忘记了这一切本就是她忠于自我的，心甘情愿的选择。

每个成年人都应该为自己的选择买单，觉得不值得了也有随时放弃的权利。而不是时时刻刻把“我为你做了多少，而你为什么不为我做点什么”挂在嘴边，这是赤裸裸的利用正常人类都有的内疚感进行道德绑架。

一次两次也许管用，时间久了这种沉重的爱只会让人想要逃离。并且从你心理不平衡想要疯狂的索取回报的时候起，这段感情就已经走到穷途末路了。

爱情中最棒的心态就是：我的一切付出都是一场心甘情愿，我对此绝口不提。你若投桃报李，我会十分感激；你若无动于衷，我也不灰心丧气。如果有一天我不愿再这般爱你，那就让我们一别两宽，各生欢喜。

相对于爱情，这种强烈的付出感也在时刻谋杀着我们的友情。例如，你是否也听到过：“上次那么冷的天我都陪你出去做头发，你今天晚上来机场接一下我怎么了？”“每次聚会都是我买单，哥们儿现在手头紧你不会这点钱都不借给我吧？”“看在你逃课我每次都帮你点名的份上，毕业论文你就帮我写了吧！”

遇到这样的朋友，我一般会满足他当下提出的要求，然后不再参与他之后的人生。不是我小气，只是我不想把交朋友这么真诚的事变成一场赤裸裸的交易，把为朋友做过的事都放在天秤上去称，一旦发现对方的回报缺斤少两便立刻狗急跳墙，翻脸无情。

我从来都不是这样的人，我也不想交任何一个这样的朋友。我对于朋友圈子的挑选一向谨慎而又严格，因为朋友是我们后天选择的家人，是要在我们父母百年之后继续彼此陪伴照顾的家人。我认定了的朋友就会是一辈子的事，如果你没有通过考验或者半路撤离，我也不会把你在半夜哭着笑着只讲给我一个人听的秘密告诉任何人。我会微笑着和你告别，这是我们对走散的友谊最大的尊重。

不过无论是恋人还是朋友，相处下来发现大家不合适都是可以重新选择的，只有家人是无法替换的。可通常我们的父母就是“付出感”最强烈的那个人。

小时候，我们常常会听到：“我含辛茹苦把你养大，为什么你不能像隔壁家的小孩一样乖？”“我为了方便你读书把家都搬到学校旁边去了，为什么你还是考不了前三名？”

长大后，这样的声音也不绝于耳。“你要是坚持跟某某结婚，我就当没有你这个孩子。”“你去那么远的地方工作，我们老了怎么办？这个孩子真是白养了！”“你要是还当我是你妈（爸）就安安心心做我给你安排的工作。”

我相信看到这篇文章的每一个人都或多或少的听到过父母发出这样的声音。无论内容是什么，其中心思想归根结底就是：“我为你付出了这么多，所以你一定要听我话。”

毋庸置疑，每个做父母的都是爱孩子的。可有时候，就是这种沉甸甸的爱压得人喘不过气，让无数孩子不顾一切地想要逃离。

可能我从小到大都是“不太听话”的小孩，虽说成长轨迹里也没做过什么真正出格的事，但是在考学、找工作、结婚生子这种大事上我从没遵循过父母的任何安排。在我很小的时候，我妈妈质问我为什么跟别人家的小孩不一样，我非常肯定地告诉她：是的，我就是跟他们不一样，我为什么要跟他们一样？

渐渐地，我父母也接受了我的“不一样”，没有以爱的名义过分干涉我的人生。我始终记得我妈妈跟我说过的一句话：

“你要对自己的人生负责，如果你一天都不愿意工作，我们也可以保障你这辈子基本的生活。但是你想要的限量名牌包，豪车，环游世界我没有这个义务提供给你，你想要的一切基本生活以外的东西，都要靠自己去创造。我们对于晚年生活的一切都已安排妥当，并不需要你养老。你所有努力成果的受益人都是你自己。”

小时候，我觉得妈妈对我十分严格，不近人情的严格。长大后看到她口中那些“别人家的听话的小孩”都还在做着父母安排的工作，跟父母安排的对象结婚，20多岁的人过着50多岁的生活。我突然很感谢她的“苛刻”，也很庆幸自己坚持的“不听话”。这让我跟她都以一种更加轻松自在的方式去享受人生。

她不是那种照顾我饮食起居，整天给我买这买那的妈妈。所以我从小就比其他孩子独立，毕业后也基本实现了经济独立。她从不把生活的重心放在我身上，比方说我发着高烧在家昏睡，她提前约好了牌局照样打扮得漂漂亮亮的出门去。所以我丝毫没有“公主病”，对于朋友、恋人的关心从来都是滴水之恩涌泉相报，从不视作理所当然。

她对我没有那种异常强烈的“付出感”，自然也不会时时刻刻的索要回报。我对她没有“妈妈为我操碎了心付出了一切，而我无以为报”的内疚感，所以我可以心安理得肆无忌惮地做自己。

我最近时常在思考，将来我结婚生子了，我会如何教育自己的孩子。因为当他成为我孩子的那一刻，我就欠下了他一份需要用一生去偿还的人情。因为我可以自由地决定要不要这个孩子，而他却是被动地，“无辜”地被我带到了这个世界上。

将来要成为我宝宝的那个人，妈妈不奢求你为我做任何事，甚至不会像你外公要求我那样，去要求你“做一个对社会有用的人”。你选择了我做你的妈妈，可以让我有机会孕育一个生命，听你开口喊妈妈，可以参与你的成长，那便是你给我最好的礼物

至于你将来学文科还是学理科，搞体育还是搞艺术，我都不干涉，我都支持你。你若成为对社会有用的栋梁之材，妈妈感恩欣喜。你如果只想做个普普通通的，站在路边为栋梁之材鼓掌喝彩的平凡人，妈妈也一样视你为我的骄傲。

毕竟我这一生，既不想跟人比出身，也不想跟人拼嫁得好，那么自然也不会把孩子当作跟街坊四邻亲戚同学炫耀的工具。我会尽量努力，让你有个能干的妈妈，但绝不要求你成为能干的孩子。我没有什么未了的心愿需要你替我完成，你想去地球上任何一个角落定居我也不会感慨什么久病床前无孝子。

如果真要说妈妈对你有什么要求，那么我希望你是一个善良正直的人。如果再奢侈一点，我希望你的存在能够有益他人，让他人欢喜。就像美丽的鲜花一样，无论何人看到，何人闻到，都会给他带来喜悦，这就是你在尘世最好的修行。

“付出感”是每个人与生俱来的一种补偿心理，但不代表这就是正确的。往往要顺着天意做事，逆着个性做人，我们才能拥有更加精彩顺遂的人生。那么从现在起，别再让“付出感”谋杀你的人际关系，全身心投入去爱自己身边的人。你会发现，有机会为了自己热爱的人和物而付出，这本身就是最大的幸福。

不断挑战自己，走出一条和大家不一样的路

在一个偶然的机会，看了林书豪的纪录片。那是成为“林来疯”之前，他一次又一次的坐冷板凳，甚至连上场的机会都没有，就被球队给转卖了。他在不断被打击和受挫中，满怀失望却不放弃。

脑海中场景切换，我联想到前阵子新闻台播报，某家餐厅打出买一送一的广告，吸引消费者大排长龙。“饥饿营销”的手法奏效，部分抢不到商品的消费者在现场大打出手，成了广为人知的新闻事件。

两件不相干的事，却在心中不断交错。反复思考，大排长龙的消费者，真的了解他们付出大量时间取得的东西的价值吗？会不会其实他们连自己人生想要什么也不知道？

在媒体的引导下，是不是每个人只在“小确幸”中自我安慰或随波逐流，而忘了曾经梦想的初衷？也许，我们不能像林书豪那样创造奇迹，但难道不能活出独特的人生？

要活出独特的人生，要先知道“我是谁”。

[不认命的学徒工人将人生倒带回转]

十六岁时，我是一个普通建教高中生。但是我从不认命自己只能当个普通人，因为我有一个音乐梦。

虽然高中上第二志愿绝对没问题，我还是选择就读大安高工机械科3。当时我们三个月在校上课，三个月在制罐工厂工作，每个月可以领三千元工资，这是一笔不小的收入。

工厂的作业环境单调，但必须全神贯注，否则就很危险。我曾亲眼看见学长因走神，活生生被轧断一只手。

我不喜欢机械，更怕变成独臂怪客，但因家庭环境的关系，我必须赚钱养家，赚得愈多愈好。赚得愈多，就能帮助终于挣脱可怕婚姻的妈妈减轻负担，帮忙拉扯弟弟长大。

苦闷的青春岁月啊！只有在音乐中，我才能得到救赎。从很小的时候开始，我存零用钱就是为了买磁带。一个一个硬币慢慢累积，就可以实现一个小小的希望。我常常躲在棉被里，一遍又一遍地听磁带，音乐让我逃离了残酷的现实，医治抚慰我伤痕累累的身心。

在高中建教班，每月好不容易积攒下来的一点钱，我也都拿来买磁带。听着听着，心中音乐的火种持续燃烧，不被现实浇熄。

当时，我莫名其妙地被选为班长，和淑玲谈起纯纯的恋爱，还有几个换帖好友，大伙笑闹玩耍，一起听音乐。

记得有好几次，我不管妈妈质疑的眼神，和淑玲待在房间里，一副耳机一人用一边，陶醉在歌曲中。这些当红的歌手替我们唱出了心中的喜怒哀乐，标记着我们苦闷懵懂又暧昧的青春岁月。

我的梦想也在懵懵懂懂中开始飞翔。但这个梦想我一直没有说出口，因为对我身边的人来说，太不切实际了。这个梦想是：我想成为一个会创作的音乐人，打造拥有很多歌手的王国。

[嗅出自己的独特]

潜藏的音乐梦，偶尔要让它透透气，否则就闷坏了。光听音乐已经不能满足我，于是我开始兴致勃勃地写乐评，描述对歌曲的感受，大胆预测歌手可能的走向和定位。发表欲按捺不住，我不知天高地厚地将评论文章寄到滚石、飞碟等唱片公司和各家杂志社，结果当然是石沉大海。

“要从事音乐工作，怎么可能嘛？我是工人耶，就算再去读五专，也是工人啊，哪有机会做音乐？”我常常在心中这样自问自答，不停地挑起希望，又不停地否定自己，但音乐的种子已经深深地种下，等待将会出现的萌芽。我对流行音乐的感受相当丰沛，就像一股股的涌泉，每听完一首歌，就不停地冒出来。只有不停地写，不停地寄到唱片公司和媒体，心中的激情才能找到出口，不至于泛滥成灾。当年飞碟旗下的歌手苏芮，以《一样的月光》等歌曲，在流行乐坛刮起一阵旋风。在写给飞碟唱片的乐评中，我毫不掩饰对飞碟在塑造艺人方面的激赏：

高亢的嗓音、痛苦表情和中性外表，神秘氛围深深攫住听众的心。唱片公司成功地突显了歌手的特色，席卷市场当仁不让……

除了看法和分析，我还兴致勃勃地对各个唱片公司提出建议，意气风发无所畏惧的年少岁月呵。回想起来，这不就是未来营销定位能力的起源吗？

虽然一封封信都石沉大海却不改其志，我凭借的不只是一股不认命的傻劲，更来自于嗅出自己的独特。

从高中时期开始，作文课就是我最重要的挥洒舞台。我的作品常被老师拿来当众朗读，或是贴在公布栏让大家欣赏。至于我费心撰写的乐评，只有淑玲和换帖兄弟拥有阅读的特权。

“阿丰，你还会写这种东西啊，很厉害喔！”从老师和好友的肯定中，我渐渐相信，想从事音乐评论相关工作，并不是不切实际的空想。

虽然如此，被生活压得喘不过气的妈妈，还是觉得我根本在做梦。凭着建教生的一点薪水，我从家中搬出，自力更生，从此便主导自己的人生。

毕业后等待当兵的两年期间，我一心想赚钱，卖过保险，在餐厅端过盘子，到洗浴中心折过毛巾，甚至在街上兜售英文教学录音带（其实我的英文很烂）。

打零工的日子里，被生活的压力追着跑，但是心中梦想的光，却一样明亮。

追求梦想，最重要的是认识自己。第一步，先找到自己的热情；第二步，确认自己在有兴趣的事物上具备能力；第三步，坚持去做，不要因为自己的出身妄自菲薄，也不要从众，被别人的看法所左右。

由我从小的坚持，反观现在的年轻人。很多人只会盲从，不知自己未来要做什么，或是怨叹自己命不好，没有好老爸。但我是工人的命，谁会想到我日后会成为一位音乐工作者呢？如果当初跟多数同学一样，安安稳稳地当一名工人，收入也会不错啊！但我愿意不断挑战自己，走出一条和大家不一样的路。

正在职场起步的年轻人，你也可以。

你咬牙奋力奔跑的样子真帅

[1]

长到三十几岁，我不得不承认，这世上真的有天才。

小学五年级的时候，我们班转来一个男生，成了我的新同桌，名字叫陈默寒。他的容貌我早就记不清了。脑海中深深烙印着的是，他有传说中过目不忘的本领。

那时候，语文书上所有的新课文，他只要读一遍，静默几秒，就可以完整地背诵出来。这项技能被语文老师发现后，老师开心得手舞足蹈，一下课就让他去教学校长那里表演。回来的时候，陈默寒的脸微微泛红，粗声地喘着气，紧张得一直不敢抬头。我悄悄给他传了一张纸条表示祝贺，可他吓得攥在手心里怎么也不敢打开。

然而，默寒的成绩并没有好到惊人，所有需要记忆出马的，他都手到擒来，但逻辑思维方面并不出众。小升初的时候，我们学校推优，他服从分配去了一所不算太拔尖的中学，之后便没了他的消息。

[2]

第二个天才是我的高中同学薇薇，她不到一米六，人很瘦，好像永远都没什么力气。她从来不参加体育活动，也不健身。高一的第一节体育课，800米摸底。体育老师说，跑个七八成功力就行。一声哨响，薇薇跟匹脱缰的马驹一般，噌地窜了出去，速度快得让全场人都蒙圈。

她跑到第二圈的时候，我们刚跑200米。最后，薇薇以2分30多秒跑完全程，听说都快到运动员水平了。而我们一众女生还在嗞哇乱叫地，为3分50秒的及格线努力。

后来，我和薇薇成了好朋友，我非常好奇她小小的体内怎么会有如此惊人的能量，也尝试着去探查她的成长过程中有没有什么奇遇。

那时的我，心智比小时候成熟多了，不会再轻易放走近距离研究天才的机会。可是，薇薇的饮食比常人还要少，除了吃虾不吐皮这一点，她普通得不能再普通。

最后，薇薇也没有选择当运动员。听说，后来她去了国企当会计。如今最风光的时候，就是集团每年的春季运动会。整整十年，她代表财务室出赛，包揽了各类跑步项目的第一名。

[3]

我常常在想，为什么老天爷这么不公平，好像天才总是别人，平凡的总是自己。我也热爱音乐，想要唱出动人的旋律，可我从来就听不准音阶。中考800米体育测试更是生命中不能承受之痛，我捆着沙袋跑了三个月，才刚刚跑进及格线。也就记忆力还马马虎虎，谈不上过目不忘，但瞬间记忆的能力较强。记得上大学时考现代文学，我漏看了郁达夫的写作风格，临考前三分钟，补了五大页笔记，最后一道大题居然真的是考这个。我洋洋洒洒侃了一大篇，最后成了我们班的最高分。

这么想来，上天对我也不赖，虽然没有哪一方面技压群雄，但好在也没有特别差劲的地方。脑子不算太笨，动作也算敏捷，无风无浪地长大，平凡却也安稳。

我知道，这世上的大多数人都和我一样，羡慕过身边某个光彩照人的偶像，惊讶过班里某个才艺过人的同窗，然后在众人艳羡的神情中搓着衣角，渐渐暗淡了目光。

人的一生会遇到成千上万的人，而我只遇到了两三个天才，我见得更多的是没有惊人天赋只有难凉热血的普通人，他们逆风飞翔，比任何人都勤奋努力。比起那些一登场就狂拽炫酷的“牛人”，我更欣赏那些超级努力坚持到底的普通人。

我们都没有通关秘籍，所以能安心屡战屡败、屡败屡战地成长。少了一些轻而易举的收获和理所当然的成功，人生并不会怎样。

[4]

记得有一次去看一位年轻画家的小型画展，她笑靥如花地站在门口和大家攀谈，一个记者模样的人盛赞她的画气韵生动、深刻独到，她本人更是不可多得的天才画家。年轻画家笑了，她说：天才画家？我小时候画画，常常被老师罚站，因为我资质平庸，总是不得要领。后来，我的同桌开始讥讽我、孤立我，让全画室的孩子们一起给我起外号。那时候，我埋怨老天爷，为什么不能给我多一点天赋。

后来呢，众人听得入了迷，急着知道画家命运转折在何处。

她眯着眼睛说，后来我就告诉自己，日日苦练，勤能补拙。再后来，就像看书一样，书读百遍，其义自见。日夜苦练的我如开了窍一般，终于进入了绘画这座艺术的殿堂，我越画越自如，越画越自信，最后成功地举办了画展。天赋这东西确实很重要，但它也只是能帮助我们成功得更简便些，并不是人生畅行无阻的直通道。

天赋就像马路上被别人捧在手中的新年礼物，它们包装精巧、细致美好，你却偏偏没有得到。与其失望怨怼，不如坦然接受，明明白白地做个普通人，脚踏实地地努力，理所当然地奋斗，安心接受命运给予我们的所有平凡，不靠偶然也不靠侥幸，靠自己来一场漂亮的反击战。

什么能真正地感动我们？不是天才嘴角那一抹迷人微笑，而是你满脸汗水和泪水，却仍然咬着牙奋力地奔跑。

让你的梦想茁壮成长

第一次在电视上看到璀璨的大舞台，有人众星捧月地站在上面放声高歌，梦想的种子就在她心里种下了：要做一个职业歌手！

可惜，家庭的贫困让那粒种子结上了厚厚的冰霜。上音乐学校？到补习班里学声乐？想都别想！每天灰头土脸地洗衣做饭，带弟弟妹妹，想休息一下都是奢望，哪有时间和条件去唱歌？

但是，她却每时每刻都记着歌唱，一边洗衣服一边唱，一边拖地一边唱，哄妹妹睡觉时就唱摇篮曲，给弟弟做饭时就唱摇滚乐。虽然，她搞不清楚音乐的类别，却总是唱得富有情感。

在歌声里，她一天天长大，和当地所有女孩子一样，经历了结婚、生子。日子比之前更加忙碌，不但要伺候公婆，照顾丈夫，还要管教年幼的孩子，家务活像山一样，压得人连喘气的时间都没有。

起初，她还像以前一样，一边做家务一边唱歌。但是，公婆嫌烦，丈夫嫌吵。每次，当她习惯性地放开歌喉，就会遭来一通抱怨和责怪。无奈，她只能在家里紧闭双唇。

不过，这些都难不倒她，买菜的路上还可以放声唱啊，倒垃圾时还可以高声歌啊，就算在家里，也能不动声色地在心里默默地演唱。

这些困难都能克服，唯一让她无法忍受的是家里的贫穷。丈夫的收入少得可怜，孩子们只能穿破旧的衣服，连学费都经常交不上。照顾家庭之余，她不得不出去打零工，以贴补家用。

日子虽然贫穷，但还算安稳。可惜，这样的日子也没能持续多久，那一年，丈夫意外失业，家里一下子没了经济来源，眼看着孩子们无法再继续学业，连一日三餐都成了问题。正一筹莫展时，听邻居说，一家中介公司要招女佣，可以到国外去工作，虽然比较远，但收入很可观。

为了让家庭渡过难关，让孩子们可以上得起学，从未出过远门的她毅然报了名。怀着一颗忐忑不安的心，车马劳顿，来到了以色列的雇主家。

来不及休息，放下简单的行李，她就拿起抹布，开始了自己的女佣生涯。每天洗衣做饭拖地照顾老人，日子和以前一样单调，值得庆幸的是，她有了难得的休息时间，也有机会在电视上看歌星的演唱。

就像一棵干渴的种子遇到雨水，她又遏制不住自己歌唱的欲望了。主人不在家时，她就一边做家务一边高声唱，思念孩子时，她就一边看着孩子的照片一边低声吟，拿到工资，兴高采烈地给家人汇钱时，她就用歌声来表达愉悦的心情。

某一次，她做家务时，情不自禁地开了口，完全没有想起来，主人此刻正在家中。一曲歌罢，发现女主人正站在身后惊讶地看着她。她紧张得不行，生怕会遭到主人的责骂而因此丢掉工作。很久，女主人惊叹道："你唱得实在太棒了！比歌星还要棒！"

她双颊绯红，再一次想起当初那个美丽的梦想。那天晚上，她在镜子前转了又转，看了又看：一个中年女人，身材胖得走样，皮肤黝黑粗糙，脸上也有了岁月的痕迹。时光，带走了一个美丽的女孩，留下了一个臃肿的妇人。

那个梦想还有用吗？她不敢确定，但是，她总是记着，经常为那颗种子松松土，施施肥，不让它因为无人看管而冻死在土壤里。

那天，她去商场里购物，看到大屏幕上正播放一个选秀节目的广告，好多她喜欢的歌星，激情满怀地邀请草根去参加。

她动了心，自己从童年唱到中年，不就是希望有这么一个展现自我的机会吗？可是，很快她又摇起了头，她只是一个女佣，还是菲律宾人，以色列人怎么会把票投给她呢？她去参加的话，会不会成为别人的笑柄？

几夜辗转反侧后，她还是鼓起勇气报了名，命运也就在这时给她露出了笑脸。

第一次站在灯光四射的舞台，发出第一个声音，掌声便潮水般涌来。虽然她没有好身材也不漂亮，年龄已经能当人的大妈，但是她的演唱深情而真挚，直抵人的内心。

于是，她一路过关斩将，居然获得该音乐选秀节目第一季度的冠军。更让她没想到的是，观众和评委都起立为她鼓掌，为她的歌声，也为她的勇气。

现在，那颗梦想的种子已经遇到春风，开始抽枝发芽了，很快，就会长成一棵枝繁叶茂的大树。做一名职业歌手不再是梦想，已经成了现实。

她就是被人誉为“菲律宾苏珊大妈”的罗赛·福斯塔内斯。只因为，无论环境多么恶劣，无论生活多么艰难，她都小心地保护着那颗梦想的种子，不让它因寒冷而死亡，终于完成了从女佣到歌星的华丽转变。

生命有无数的可能，别自断前程

如果你手上拿了一杯水，接下来你要干什么

这个问题，最先是从一本书上看到的。我觉得特别有意思，于是问了很多人，他们的回答无非就是：喝了、倒了、泼了、撒了。于是，忽然想到了身边一个哥们儿的故事。

第一次遇见C，是在网上。那时我还在当老师，突然想要去拍一部微电影，于是我在网上发了一个帖子，说如果你想拍电影，无论你是否有专业，只要你还有演员梦，都希望你能加入我的团队。

C是一所酒店大学的学生。那里的学生几乎大学四年的状态都是玩着游戏或者昏昏欲睡，他也是一样，无聊地刷着网页，然后思考着毕业后要去哪家酒店干活。

C给我投了一份简历，然后很快的，我们就坐在了一起聊剧本。起初他只是想跟女一号搭戏，但因为他长得好看，我们几个讨论过后，坚定地认为男一号就是他。就在他加入我们剧组的第一天，他开始勤勤恳恳地跟着剧组跑戏，一次半夜拍到了两点多，寒风瑟瑟下，我和两个摄像带着他，拍天桥的戏，冻得手不停地发抖。进宾馆后，很快，我们的手已经不能动了。

我说，不行了吧。不行了以后就别走这条路了。

他说，冻得真爽。

半年后，我们成功开启了第二个项目，拍摄第二部电影。C从主演，变成了幕后监制，他开始筹划着前前后后的事情：地点、时间、物资分配，偶尔，他还会提出一些分镜头的建议。再过了半年，我们成立了龙影部落工作室，C成为合伙人，做起了真正和电影有关的事情。

第二年，C从酒店学校毕业。那一年，所有人都在讨论去哪个大酒店当服务员，去哪个小酒店当经理，去哪个国家申请相同专业进修的时候，C毅然开始走进电影圈，走进了博纳，当上了制片人。因为之前大学四年有过一些电影底子，于是很快就被电影界认可。

过了很久，我们在一家酒店拍戏，看到了他的朋友，已经当上了经理。经理看到他，大喊，这不是C吗？怎么开始拍电影了！

C笑着应付了两句，回来的路上，他跟我说，要不是他当时来剧组实习拍戏，说不定他也在酒店工作。真的不知道现在的自己在哪里。

我说，做酒店工作也挺好啊。

他说，那毕竟我不是太喜欢啊。

曾经有很多大学生问过我，我学法律的，以后能不能当主持人；我学美学的，以后能不能当历史学家；我学电气的，以后能不能当导演。看似完全不相干的职业，但我的回答都是——能。

因为这三个例子，分别是撒贝宁、易中天和高晓松。

我们走进大学校门，原本是想让我们的视野变得更广，可惜的是，当我们被迫或者不得不选择一个专业的刹那，忽然发现，自己的视野变小了。我们做的所有事情，都是要为专业课服务。我们的未来，一定要和专业有关。甚至找工作的时候，别人第一个问题是：你是什么专业。可是，谁规定，一个人大学时读的专业就一定是自己以后要走的路。谁规定，一个人读的大学种类，就一定要从事相关的工作。

没人。

或许，你学的是机械，可如果你喜欢英语，为什么不在大学四年中去自学英语。多参加英语社团的活动，去参加大家都能够参加的英语比赛以证明自己的能力，然后通过这些比赛，认识一些圈里面的朋友，从而淡然跨界。

或许，你学的是英语，但你喜欢影视，那为什么不让自己多去剧组实习，多认识一些圈内的专业人士。或者，趁着别人都在玩的时候，准备考一个电影学院的研究生。

我本科学的专业和英语没有任何关系，那年我参加英语演讲比赛，现场几乎都是英语专业的学生。当我胜过他们的时候，他们开始问，你又不是英语专业的，怎么英语学得这么好。

我说，因为我肯花工夫。你们每天学五个小时，我就学八个小时；你每天背一百个单词，我就背三百个。

路是自己的，越走越宽，或者，越走越窄，是你自己决定的，跟你所拥有的无关。

既然如此，为何要用现有的东西去限制自己的选择和未来呢。

回到开篇的问题，如果你有一杯水，接下来你要干吗？答案很简单，你要做你自己想做的事情，和水没关。这杯水，可以是我们的工作，是我们的专业，是我们的学校，总之，是我们现有的东西。可是，多少人都只是盯着这杯水，而忘记了自己真正生活的目的。

的确，当你有杯水的时候，你完全可以放下，去做自己该做的事情，去跑、去追、去放肆、去流浪、去走南闯北，而不是因为一杯水就停止了步伐，限制了你生命的界限。

生命既然有无数的可能，那么，为何要因一杯水限制自己的步伐呢。

人生不到最后一秒 就不算结束

在一次旅行的过程中，我遇到一个女人，四十五岁。她说，她之所以把年龄记得这么精确，是因为在四十三岁到四十五岁之间，发生了太多事。日子太难过了，被突如其来的苦难塞得满满当当，一日如三秋。

当她还是个女孩的时候，老人家说，嫁汉嫁汉，穿衣吃饭。她就这样懵懵懂懂地被人哄上了花轿。

人家说，好多白头偕老都是稀里糊涂地开始的。可是很不幸，她要白头偕老的那个人，不太好。

结婚后，那个男人耽于打牌，输了钱就把家里翻个底朝天。而且喝醉了酒，操起酒瓶子就往她头上砸。她一直安慰自己，人生也就这样了，忍一忍就过去了吧！

四十三岁那年，他们的独生儿子因车祸离世。祸不单行，这件事也成了压塌他们夫妻感情的最后一根稻草。本来就貌合神离的夫妻走到了婚姻的尽头。那个男人给她分了共同财产里的半套房，她把自己的那一半卖了，独自踏上旅行的路。四十五岁的女人和我们一起住在条件不太好的胶囊宾馆里，半夜里趴在床栏上“夜聊”。

对于四十五岁开始旅行，她说：“因为太想要重新开始自己的人生。”而她确实这样做了。她和我们一起摆弄三脚架，学用自拍杆，一起摆各种各样的怪表情拍照。我们一起去体验最大的室内乐园，她玩得像个小孩子，高举着人偶棉花糖，满脸都是糖渣。她说，这都是以前想都不敢想的事情啊。感觉活了半辈子，终于捡起了自己的人生。

后来，我们分开。在微信上，我不时还能看到她的最新动态。最近的一条，是她有了新的丈夫。

决心放下以前的生活，才会有未来的人生。将垃圾一样的人生翻盘，才是最有意思的事儿啊！

我不喜欢六月，是从多年前的一个六月开始的。自从高考过后，每个六月都能勾起我不太好的回忆。

我的人生在高考之前都算得上顺遂，拿了很多奖，还考上了全省重点高中。我是性格特别好，活泼又可爱的“别人家的孩子”。

这里请允许我适当地自夸。因为俗话说，飞得越高，摔下来就越惨。

我是充满信心地走进考场的，在考试之前甚至没有做过一次模拟考卷。我没有规划时间，就按着自己平时的手感做题。在临交卷的时候我才发现，在背面选答题的地方，还是一片空白，我紧赶慢赶，终于在最后时间内完成，我大舒一口气。

铃声打响，全场停笔，收卷老师从我手上收过试卷的那一刹那，我突然发现自己没有填上选答题的题号。我尝试着拖延交考卷，但是无果。我眼睁睁看着自己没有答完的卷子被监考老师收走。

由于是自己的错误，我没有什么可以辩驳的。回来的路上，我在车里使劲儿憋着眼泪。一回到家，所有的情绪都忍不住了，我从踏进社区大门那一刻开始哭，到家里直奔厕所，吐得一塌糊涂，吓得我妈手足无措地呆立在旁边，不停地问：“没事吧，没事吧？”

我还记得那顿饭，我妈煮了油焖大虾。个头儿奇大无比，可我一筷子都没动。

下午还要考一门英语，我调整好情绪坐进考场。考试时我边做题，眼泪边往下掉。

那天晚上，我没有什么过激的反应，该吃饭就吃饭，该去庆祝就去庆祝。在KTV里，我跟所有人说我这次考试失常了。在五颜六色的频闪灯下，大家都涨红着脸嘻嘻哈哈地说：大家出了考场都这么说！

我不想去分辨真假。那一刹那，想着这个世界全是没日没夜欢笑的人们，只觉得自己格外凄凉。

我真正开始惶恐是在几个月后，因为我意识到，它好像真的改变了我的整个人生。很多人开始因为它而全盘否定你。从前夸你聪明，现在说是“只会耍小聪明”；从前夸你多才多艺，现在说那是“不务正业”；从前夸你思维活跃，现在说这是“不够专心”。

在很多人眼里，因为转折点太重要了，所以，只要你在转折点失败了，你的所有都是失败的。因为你的婚姻失败，所以你一定一无是处；因为你高考失利，所以你一定一无是处；因为你的工作面试失败，所以你一定一无是处……

你也开始因为一次失常，而逐渐承认自己永远低人一等。

我去了一所一般的大学，也因此有了一个看起来前途未卜的一般的未来。我原来幻想过的未来，像是永远离我而去了一样。周遭的一切，时刻提醒着我：好马配好鞍，而你这匹小骡子，怎么配得上草原？

那段时间，我是真的以为自己的未来就这样黯淡无光了。

现在想起那段时光，我觉得真是可笑。那时候以为特别重要的能改变一生的转折点，在今天看来，也不过就是“条条大路通罗马”中，用来试炼的那一条路。

包括后来写到这段经历，都有读者说，本来就是你的错啊。是啊，很多时候正是因为内心默认了是自己的错，才没法好好面对。

遗憾的是，有些错误从来就没有给我们改正的机会。

在一场考试前，你课上努力听讲，考场上奋笔疾书，出来的成绩却比之前降了两分，你就觉得人生无望。

正因为认真生活了，被伤害才格外疼痛。

可是，既然是这么的认真，一定会有回响啊！

人们总是提纲挈领地总结：高考是一次重生，婚姻也是一次重生。当然，它们确实让很多人改写了命运，从此飞黄腾达，人生百味，只甜不涩。

可是，因为没有抓住最大的改变机会就放弃人生，怎么有机会发现生命中更多细碎的机会？

那些失败的孤独时刻，是专属于成长的时间。没有再坚持往下走，又怎么知道这个失败的转折之后又会有多少个转折，能把你的人生复位，或者让你的人生过得更好？

我把当年高考完写的一条微博送给你：告诉自己，一定要过得很好很好。在若干年后的某个六月，面对某个惨遭落榜而痛哭失声的小孩子，就像面对今时今日的我一样，搂搂她的肩说：丫头，有什么好哭的？喏，当年我也一样这么哭过，可是你看，我现在过得比谁都好。然后，看她的眼睛里闪出灼灼的光亮。

我现在真想告诉你，没有一个转折会彻底毁掉你的人生，婚姻是，考试是，机会亦是。失败的转折，提醒着你用力地反思自己曾经的过错。那些因为错过一个机会而懊恼不已的人，如果把当初的机会给他，他也不一定有把握把人生过好。

没有一个转折是能毁掉整个人生的。

只要活着。

你是工作的主人而非奴隶

在职场生涯中，失业恐怕是再大不过的噩耗了。对于很多人而言，工作如同婚姻一样，秉承一生就一次的原则，所以当事业上亮起红灯的时候，他或许会突然之间接受不了这样的打击，甚至觉得自己对于社会已经没有价值，便有了轻生的想法。这些想法听起来或许很可笑，事实上，很多人确实存在这样的现象。下面，我们就来看看当你的事业出现问题时，你该怎么办。

首先，确定失业的原因，才能有的放矢，解决问题。失业这个现象，整体上而言，是一个社会问题，而这个社会问题与失业者的个人素质也息息相关。失业是市场经济竞争体制下不可避免的一个现象。能者居之，优胜劣汰。当你失业了以后，不再做无意义的哭泣或者酗酒，要冷静下来想一想，为什么失业的是自己？为什么同事某某没有遭受这样的悲剧？答案或许很容易就得出来：因为对方比自己适应这个竞争环境，对方的优点保住了他的工作，而自己恰恰缺少这样的技能，了解到这一点，或许就是你人生的转折点，因为这次失业，让你更明白了一些道理。

事实上，失业并不可怕，可怕的是失业之后，你对自己的失望，害怕自己无所事事，终成废人。失业就等于把人生枪毙吗？当然不是，正确地看待失业，重整旗鼓，从头再来，迎接你的或许就是辉煌。

失业的人心情肯定会受到影响，悲伤几天是可以的，但是不可以从此悲观。失业以后最重要的是情绪的调节，利用失业以后的空闲，可以给自己放一次较长的假，你可以利用它去完成你旅行的夙愿，利用它去拜访一些故友，利用它去完成一次技能培训等，好好地给身体和心灵做个放松，或者给头脑做一次充电储备。或许你应该感谢这次失业，它给了你时间恢复一下体能，健康对于谁都是重要的，人生苦短，我们没有任何理由因为所谓的工作而毁掉我们的身体。健康的生命才是最重要的，对吗？

因为失业，我们才能鼓起拼搏的勇气，拥有了从头再来的机会。平日的忙碌或许蒙蔽了我们的双眼，我们总在赶路，却忘记停下来问问自己：我在做什么？这份工作真的适合我吗？因为这份从事若干年的工作，我们或许已经产生了惯性，所以我们忘记了自己的优点，忘记了自己的爱好，也因此错过了很多更值得我们去追求，更适合我们的工作。天涯何处无芳草，何必单恋一枝花？我们默守着曾经的工作，忘记了我们的身边还有更美丽的花园。失去一个工作并不是失去整个人生。失业给了我们一个思考的空间和时间。我们应该冷静下来思考、分析：我是谁，我适合做什么，我的优点是什么，我的缺点是什么，我需要哪些技能而现在却没有具备。思考是重要的，没有思考而盲目地去寻找新工作将再次出现失业的现象。

从失业的经历中我们应该吸取教训，应该变得更勇敢，更理智，更了解自己。敢闯敢拼，勇于从头再来是失业以后最正确的选择。社会是一个很大的空间，它给予我们的不只是一个小小的位置，而是一片广阔的天空。如果你因为失去了太阳而哭泣，那么你还会失去月亮和满天的星星。要肯定自己的价值，相信自己的能力，同时给自己拼搏的勇气。因为失业，我们有了更大的发展空间，我们或许是一只离开了鸡窝，方能展翅飞翔的老鹰。

失业是痛苦的。对于工作，或许我们也付出过努力，投入过感情，可是这并不代表我们就把一生拴在了上面。记住，我们是工作的主人，绝对不是它的奴隶。失去一份工作或许有更美好的未来在前方等待。失业不过是人生旅途中再微小不过的一个挫折，你要是被它打败，那么你的生命之路或许就不能前行。失业之后的关键是要及时整理心情，做好充分的挑战准备。外面的世界依然那么精彩，依然充满了挑战和机遇，失业后的你做好从头再来的准备了吗？

压力是个人能力的最佳催化剂

对于一个人来说，压力是根本无法逃避的。随着我们的成长，工作、学习、竞争等各个方面的压力便如影相随。为了生存，我们不得不承受各种各样的压力。做人压力大，做个成功人士压力更大，尤其是步入中年后，为人子女、为人父母、为人夫妻的角色地位，常常弄得许多人不堪重负。压力常常让人不知所措，它阻碍着我们前进的步伐，让我们不能轻松地生活，甚至让我们身心俱疲。

大多数人均认为压力是负面的，具有伤害性的，但事实上，压力是属于中性的，并无所谓好与坏之分。若视之为积极的、正面的，就可作为生命中的“激素”，促使个人成长。但若视为消极的、负面的，则会成为个人的“死敌”，令人喘不过气来。区别就在于此，有的人习惯抱怨压力，在压力之下不堪重负，而有人却习惯适时给自己加压，将压力变成前进的动力。

有一个年轻人，因为家贫没有读多少书，他去了城里，想找一份工作。可是他发现城里没一个人看得起他，就在他决定要离开那座城市时，他忽然想给当时很有名的银行家罗斯写一封信。他在信里抱怨了命运对他是如何的不公……

信寄出去了，他便一直在旅馆里等，几天过去了，他用尽了身上的最后一分钱，也将行李打好了包。就在这时，房东说有他一封信，是银行家罗斯写来的。可是，罗斯并没有对他的遭遇表示同情，而是在信里给他讲了一个故事。

罗斯说，在浩瀚的海洋里生活着很多鱼，那些鱼都有鱼鳔，但是唯独鲨鱼没有鱼鳔。没有鱼鳔的鲨鱼照理来说是不可能活下去的。因为它行动极为不便，很容易沉入水底，在海洋里只要一停下来就有可能丧命。为了生存，鲨鱼只能不停地游动，很多年后，鲨鱼拥有了强健的体魄，成了同类中最凶猛的鱼。最后，罗斯说，这个城市就是一个浩瀚的海洋，拥有文凭的人很多，但成功的人很少。你现在就是一条没有鱼鳔的鱼……

那晚，他躺在床上久久不能入睡，一直在想着罗斯的信。突然，他改变了决定。第二天，他跟旅馆的老板说，只要给他一碗饭吃，他可以留下来当服务生，一分钱工资都不要。旅馆老板不相信世上有这么便宜的劳动力，很高兴地留下了他。10年后，他拥有了令全美国羡慕的财富，并且娶了银行家罗斯的女儿，他就是石油大王哈特。

我们每一个人只有历经磨炼才可以唤起成功的力量，只有经过坎坷和磨难，才能获得取得成功的条件。当我们面对危机的时候往往会生发出巨大的潜在力量，所以我们要学会挑战自己，让自己面对困难和挑战，这是我们前进的动力。

人要想活着，要想活得更好，就必须不断地成长，才不至于被社会淘汰。一位白领说过这么一句话：我无法休息，因为一休息，我就要永远地休息了。没错，在这个社会中生存，根本无法停止脚步，纵然你很累。在当今社会中可以没有学历，但是你不能没有能力，如果你连能力也没有，哪里还会收留你？压力并不可怕，相反，它是一个人能力的最佳催化剂。压力能使人在最困难的时候，因无路可退而不断地自我超越。

拿破仑幼年时的生活是十分清苦的。他的父亲是出身科西嘉的贵族，后来家道中落而一贫如洗。但他仍多方筹措费用，把拿破仑送到一所贵族学校去求学。拿破仑破衣敝屣，十分落魄，所以常受那些贵族子弟的欺负和嘲笑。

就这样，拿破仑忍受着那些同学的作威作福，继续求学了5年之久，直到毕业为止。在这5年里，他受尽了同学们的各种欺负凌辱，但每受到一次欺负和凌辱，就使他的志气增长一分，他决心要把最后的胜利拿给他们看。

他心里暗自计划，决定痛下苦功，充实自己，使自己将来能够获得远在那些纨绔子弟之上的权势、财富和荣誉。因此，当同伴们利用闲暇时间自娱时，他则独自苦读，把全部精力都放在书本上，希望用知识和他们一争高下。

拿破仑读书有着明确的目的性，他专门寻找那些能使他有所成就的书来读。他在孤寂、闷热、严寒中，从不间断地苦学了好几年，单单从各种书籍中摘录下来的文摘，就可印成一部四千多页的巨书了。此外，他更把自己当成正在前线指挥作战的总司令，把科西嘉当作双方血战的必争之地，画了一张当地最详细的地图，用极精确的数学方法，计算出各处的距离远近，并标明某地应该怎样防守，某地应该怎样进攻。这种练习，使他的军事知识大大进步。

拿破仑的上级认识到他的才学之后，就将他升任为军事教官。从此，他便逐渐飞黄腾达起来，直到获得全国最高的权力。

一个人如果不经历必要的磨难，他就很脆弱，没有能力抵抗以后的风风雨雨。危机与生机、失望与希望、消极与积极，从来都是交织在一起的，一定会有后退，会有逆境，但勇士恰是在后退的逆境中依然奋进的人。在生活中遇到挫折和障碍的时候，不要轻易放弃或退缩，要学会感谢生活中的逆境和磨难，并从中受益。

善待你所面对的压力吧，千万别把它当成你前进的绊脚石，而应该把它当作你的一剂强心针、一个加力挡、一条警策鞭。顺境也好，逆境也好，人生就是一场对种种困难的无尽无休的斗争。胜利，属于能将压力变成动力的坚强者。

没有不可能的成功

我是金字塔脚底下的一只蜗牛，背着重重的壳，仰望着蓝天的明朗。我顺着塔脊，听到苍蝇拍打翅膀的刚劲。

原本我只打算爬到太阳光闪烁的那个亮点停下，可是阳光一直向上攀，我便忘记了作下的记号，慢慢向着光亮的诱惑移动。这是一次神奇的旅行。

白天阳光的炙烤有着令人窒息的燥热，我看不到绿色波浪的生机勃勃，只有漫天黄沙与苍凉而孤独的金字塔傲世耸立，震慑着充满好奇心的游客。

苍鹰俯下身来，尽量保持谦逊，笑着说道："小不点，你想征服这金字塔吗？快回家找妈妈吧！"说完，盘旋而上，矫健的身影是这漫天黄沙中的生机与骄傲，还有野性的不羁。

我还未想过登上塔顶，只是想一步一步往上爬，超过昨天。黎明过后，我又启程出发，追随心中光亮的诱惑，在朦胧中似乎要抓紧这条命运之绳，跟着这条有魔力的绳子，在塔脊慢慢滑出我的痕迹，定格在风吹日晒的旷野里，呐喊着我的野心。

一厘米一厘米往上递增，即使会在凸起处小憩片刻，即使会在陡峭处滑回几厘米，我也从未想过放弃。这一次我坚定了信心。

自从偶然在塔底受到了心灵的召唤，我便决心肩负起命运的使命，一步一步往上爬，梦想着往前进，再进，直到我趴下的那一天。塔脊是否会因炫目得令人来不及睁开双眼便被震撼的泪水遮盖。

所以当汗水汹涌却又被烤干时，我没有停下；当风沙咆哮席卷而来时，我紧贴塔壁；当苍鹰再次扶摇而上时，我没有放弃与自卑。只要我还没有到闭上眼睛的那一天，就会不紧不慢爬着人生航道，在遍体鳞伤中仍不可自拔地追逐向上的召唤。

那天，下雨了，这稀少的雨滴仿佛千年前就积蓄着，等待岁月的轮回绽放生命的酣畅淋漓。只是一瞬间的绽放，却释放了千年沉积的呐喊与长啸。这是我已记不清的多少个日日夜夜了。

仿佛来自天堂深远的呼唤，一切又像经历的轮回，再次在脑海浮现，我想起顺着塔壁的曲折陡峭，我想起小憩时黄沙的凶恶阻挠，我想起苍鹰矫健灵活的身姿，我想起梦境中蓝天云朵触手可及，然后一步一步地前进，记录着我的历程。然后，我看到了太阳！我站在了塔顶。周围都在旋转，仿佛天堂里的欢庆。

我静静站在塔顶，站成回忆。我是一只幸福的蜗牛，一步一步爬上塔顶。我想说，每天向上爬一步，终究会成为征服金字塔的王者。

心若向阳，自会光芒四射

有些事情不是看到希望才去坚持，而是坚持了才会看到希望。向日葵确实是向往着太阳的，但是“看不到太阳”它也开放，只因向日葵心底装着太阳，装着看到太阳的那份希望。

我在一家冲洗店干了足足有7年，从彩扩的门外汉“升格”为首席彩扩师。和许多成熟的职场人士一样，我开始思考自己未来的职业生涯方向。很显然，我需要更大的机会、更好的平台来完善和充实自己的人生。

没多久，老板有了开分店的计划，准备在店内物色分店负责人。由于我出众的能力和过硬的资历，老板毫无悬念地选派我负责分店。分店设置在新建的大学城里，里面只有少数几个大学的分校区在“试运行”，更多的校区还只是一个即将启动的工地。

稀薄的人流量导致分店生意惨淡，很多时候，我和我的店员不过是在晒太阳、喝茶水和看报纸。要说生意有多糟，可以说，已经糟到利润不足以支付房租和工资了。可是，老板坚持认为，好的市场是守出来的，更美好的未来一定会来到。而老板对我的要求除了坚持就是坚持，不管生意好与坏，我的待遇都不受影响。

按理说，没有业绩压力我应该很轻松，但是生意差到让我感觉在蹉跎岁月。有很多次，我都想放弃对分店的坚守，如果老板还一味地坚持，我就选择辞职走人算了。那个时候，我认识了某大学中文系的一位女老师惠子，惠子很快成为我无话不说的朋友。得知我的烦恼后，她说了一句很有哲理的话："向日葵看不到太阳也会开放，生活看不到希望也要坚持。"

我知道，惠子家有一盆向日葵，为了求证她说的话的真实性，我特地去观察了向日葵的生长。书本上都说，向日葵是围着太阳转的，没有太阳，向日葵也不会开放了。可是，惠子家的向日葵热烈地开放着，甚至在太阳被前面的建筑物完全遮挡时，也丝毫不会耷拉它美丽的花瓣。准确地说，一天的时间里，向日葵有四五个小时"看不到太阳"也在开放。

当时，我想到了另一句话：有些事情不是看到希望才去坚持，而是坚持了才会看到希望。向日葵确实是向往着太阳的，但是"看不到太阳"它也开放，只因向日葵心底装着太阳，装着看到太阳的那份希望。

我再也没想过要离开大学城的分店，而是竭尽全力地经营着那间分店。后来，那间分店不仅成为大学城最早的彩扩店，也成为信誉最佳、口碑最好、生意最旺的彩扩店。

说起来，我应该算是个十足的幸运儿，刚离开校园就找到一份不错的工作。那是一份工作环境和待遇都很优越的职位，连许多高学历的求职者都艳羡不已。在那个岗位上，我度过了一段非常欢乐的时光。体面的工作让我在亲友中获得尊重，而我轻而易举地独当一面，让老总对我的赏识也与日俱增。

可是，职业生涯最初的一丝甘甜，在我青春的岁月里并没有持续太久。随着那间公司的倒闭，我不仅不再是人人艳羡的白领人士，甚至连一份赖以糊口的工作都没有了。人才市场和劳务市场跑了不少遍，磨破了嘴皮也磨破了鞋跟，也偶有工作机会扑面而来，可是，没有一份工作能让我满意，常常试用期还没宣告结束，我就将自己的机会"没收"了。

回到老家小镇，父亲问我："大勇，你为什么不选择安定，好好地找一份工作干下去？”我不愿意干下去的理由很多，比如老板太刻薄、同事太烦人、加班太多……然而，真正的原因是，新工作承载着太多的酸、苦、辣，却唯独没有之前的那份甜，而那份甜的诱惑力实在太大，让我之后的职业生涯裹足不前。

父亲好像看穿了我的心思：“大勇，酸甜苦辣都是菜，你可不要学小时候挑食啊。”听父亲这么一说，我就想到了自己舌尖上的童年。那时候，我还只是个小不点，偏偏对甜食情有独钟，甚至到了无甜不欢的地步。不仅是饭桌上少不了甜菜，就算是白米饭上也要洒上密密的白砂糖，才肯欢天喜地地吃上一大碗。

母亲总是纵容我，想吃就吃，父亲却不想惯我的坏毛病，于是开始控制甜菜出现的频率，不让我洒白砂糖在米饭上。父亲一半温和一半严厉地说：“尝尝那些酸的、苦的、辣的菜，你会发现在甜菜之外也有美味。”

在父亲的“高压”政策下，只爱甜菜的我开始被动尝试，渐渐爱上各味美食。

当我回过神来看着父亲时，父亲说：“其实，痛苦跟快乐只是一线之隔，你要学会适时接纳和享受。酸甜苦辣都是菜，饭桌上不可能只有甜菜，那样的筵席只会单调乏味。

酸甜苦辣都是人生的‘菜’，珍惜每一道‘菜’的味道，这样的人生才会滋味绵长，才会充盈饱满。”

当我离开老家小镇，告别父亲时，顿时拥有了莫大的勇气和力量，不太遥远的明天在心底开始亮堂起来……

创造属于你生命的辉煌

[生命如花，在不同的季节开放]

李宁拿了最多的奥运会奖牌，而后又做出了自己的品牌；邓亚萍打赢了乒乓界，又“打”进了政府部门；李连杰成名于武术，却又创立了基金会……这些不停奋斗的人，一辈子都在想着在什么阶段开出什么花来，即使到了老年，他们都能依然活出尊严。“同学们要时时刻刻记住，我的人生必须向上，我的人生必须奋进，我的人生必须留下让自己感动的日子，什么日子？奋斗的日子。生命需要不断的鼓励，才能不断地进步”。

相信生命在不同的季节开放，这是一种人生的自信。“真正的自信是建立在对本身深刻认识之上的”。这恰是大学生最缺乏的，成绩、外貌、活动能力……这些大学里的自信所依赖的多是社会上不看中的，只是一个短暂华丽的外壳。“我们十几年的学习过程，就是从黄金岁月再走向黄金岁月的过程……如果这个时期，你迷失在自己的外表中，没有建立强大丰富的人脉资源，那么未来的花儿能否开放就是幸运与否的问题了。”

俞敏洪说，人生的成长就是“不断从外在走向内心的过程”。

[生命如田，只问耕耘不必问收获]

许多成功人士都从小树立宏大理想，而俞敏洪却连连摇头：“人不一定有非常宏大的理想，只需要一步一步向前走，不要只问最终收获。”其实不问收获不是不要收获，他将人生比作种田，种完粮食后，并不用担心粮食会变成别的东西，因为只要精耕细作，收获是很正常的事，所以不要每天想着打一千担粮，而要每天去地里拔草。

“其实你不用问我最终的伟大目标在什么地方，生命的扩张是靠你自己的，你越努力，最后获得的成就就越多，你的生命就会越扩张……”

[生命如马拉松，需要长远的坚持和长远的策略]

在俞敏洪看来，如果人生是百米赛跑，那么只要别人早跑两秒钟，输赢就定了。但是人生不是百米赛跑，而是漫长的马拉松。马拉松只要抓住两点就能取胜，第一是永远向前走，决不停下来；第二是在可能的情况下，稍微加快步伐，轻松地超越对手，成功就在眼前了。

“大部分人在年轻的时候，事业是不太容易充满辉煌的，生命为我们留下了那么多的岁月，不必心急，因为每个阶段都会出现让人变辉煌的机会。所以，只要人坚持在路上走，根本就不知道能走出多少路来”。他不提倡同学们为了目标“开夜车”，而是幽默地劝导同学们要有马拉松式的长远策略，要重视健康，即便学业、事业失败，至少还有一个享受大自然的好心态和好身体。

[生命如诗，情深义重才能真正体味]

生命如诗，情感深重了才能真正去体味其中佳境。“在向整个世界展示自我的时候，取胜的只有一种人，就是所谓的情商最高的人，就是让人感觉极其可靠，诚恳的人”。一直以“服务他人、快乐自己”为原则的俞敏洪虽然没有在北大取得优秀成绩，却凭这条原则收获了宝贵的友谊，至今他在事业和生活中依然享受着大学友谊的甘醇。

对大学生而言，爱情是友情之外的另一种重要情感。鉴于近年来大学里暴力事件频繁发生，俞老师告诉大家，一定要爱得大度，要相信爱情之间是没有背叛的，转向的爱情是因为没有真爱。“我始终相信爱情是有缘分的，他不爱你了，那就是缘分尽了。无论如何，一定会在一个时间、空间点上，有一个人等着你，最后相爱，所以不要为眼前丢失的爱情哭泣，要更加向往以后的爱情。我要大家唯一记住的是，不管失恋多么的痛苦，都痛不过失去生命”。

[生命如河，应做水勿做沙]

“人的生命就像河流一样，每一条河流的曲线永远不可能相同，因此没有两个人的生命是一样的，但不一样的生命可以有一样的辉煌，那就是冲破障碍，奔向大海”。演讲的最后，俞敏洪用一滴水做比喻讲了一则发人深省的道理。

他说：“水的特点是慢慢积蓄力量，只要觉得力量不够，就不断地把水积蓄，最后终于冲破任何障碍，往前走。只要你是一滴水，而且想要流向大海的梦想不变，就一定能够流向大海。世界上，大部分人最后都会变成河流中的泥沙，跟着水流慢慢往前走，失去了志气，就沉入了社会的底层。希望同学们发挥水的勇气，不做随波逐流的泥沙，让自己的生命在未来的几十年变得越来越辉煌！”

尊严没有你
想得那么重要

他是一家上市公司的老总，腰缠万贯。他很久没有坐过公共汽车了，有一天，他突发奇想，想体验一下普通百姓的生活。他投了币，找到一个靠窗边的座位坐了下来。他好奇地打量着身边的人，他的前面是个怀孕的妇女，他的身后是个上了年纪的老人，这些普普通通的人，每天挤着公共汽车，日子虽然过得清苦，但依然很快乐。

他的对面有一个很漂亮的女人，他可以近距离地欣赏。车子到了下一站，上来的人渐渐多了，美女就渐渐被人遮住了。他看不到她，就闭上了眼睛，回味着那女人的曼妙风情。

忽然，有个尖厉的声音向他砸来：“你就不能给让个座啊？一个大男人一点都不绅士！”他睁开眼睛，看到一个妇女抱着一个婴儿，站在他前面。而那个发出尖利声音的女人继续对着发愣的他吼道：“瞅什么瞅，说你呢！”全车的人都朝他这里望过来，他的脸唰地一下霞光万丈。他赶紧站了起来，把座位让给了那个抱孩子的妇女。在下一站，他狼狈地逃下了车，他万万没有想到自己会出这么大的丑，下车前，他狠狠地看了一眼那个牙尖嘴利的丑女孩，恨得直咬牙根。

他的公司要招聘，在面试的时候，他亲自进行把关。他见到了一个面熟的人——是她，那个让他出丑的女孩。不是冤家不聚头，他在心里暗暗得意，终于有报复她的机会了。

女孩也认出了他，神情顿时紧张起来，额头上沁出了汗水。

“你把我们每个人的皮鞋都擦一遍，你就可以被录用了。”他对她说。她站在那里，犹豫了很久，家里的经济已经全线告急，她太需要这份工作了。尽管自己有高学历，也有能力，但因为长得丑，很多公司都将她拒之门外。现在，机会就摆在她的面前，只要她放下自尊，为他们擦一次皮鞋。可是，她又怎么可以用自己的尊严去交换工作啊？

他在心里断定这个倔强的女孩是不会屈尊的，继续挑衅一般催促着她，没想到她竟然同意了。她拿来鞋刷子，蹲下来，开始替这些考官们擦鞋。他得意地想，你不是厉害吗？怎么没动静了。轮到他了，他还故意跷起二郎腿。

忽然，他觉得自己有些过分了，女孩在车上虽然伤害了他，但本质上却是为了做好事，有点侠义风范呢。他向下属要来她的档案，她的笔试成绩第一，遥遥领先于后面的人，从各方面来看，女孩都是出色的。再说，自己也总不能在众人面前食言吧。

于是，在她给几个考官擦完鞋子后，他当众宣布，她被录用了。

她并没有显得过于兴奋，只是微微地向众考官们道了声谢谢。然后一字一顿地对他说：“算上您，我一共擦了5双鞋子，每双2元钱，请您付给我10元钱。然后，我才可以来上班。”

他无论如何也没有想到女孩会这样说，但他宣布的决定无法再更改。他只好很不情愿地给了她10元钱。更让他意想不到的是，女孩拿着10元钱，走到公司门口一个捡垃圾的老人身边，把10元钱送给了老人。

有一些灵魂注定是高贵的，不管命运将它拿捏得如何卑微。就像这个女孩，虽然她的尊严受到了伤害，但她却给它找到了一个高贵的出口。

从此，他对这个丑女孩刮目相看。事实上，女孩在日后的工作中，确实表现得非常出色，业绩出众，替他完成了很多貌似无法完成的任务。

有一天，他忍不住问她：“当初我那样难为你，你的心里有没有怨念？”

女孩却答非所问：“我弯下腰，只为换一个可以昂起头的机会。”

“进”一步才能看到海阔天空

昨天和朋友柚子逛街，聊到她目前的一些困扰。

柚子是一个不太善于沟通的人。工作上，她很少主动和带自己的法官沟通，每次都只是默默完成交代的任务，再无交流；进修上，她去参加讲座，她有问题想问，都已经在脑海里组织好语言了，现场人也不多，她就是没勇气开口。

柚子的困扰让我想起一位前辈，张小姐。

张小姐是某公司的经理，四十不到，财务自由，玩得一手好基金，房地产买到美国去。在几百人的剧场做分享，她谈笑风生，从容自得，一副游刃有余的样子。

她对我们说：“无论在何时何地，你都要想办法让别人记住你，而且最好永远忘不掉你。”

我被这句话触动到——当时，我一直在寻求提高存在感的办法。尽管那时候我都不太敢举手，却还是强迫自己向她发问：“有一些人天生不善于表现自己，该怎么办呢？”

张小姐闻言，给我们讲了她的故事。

其实，她也不是天生爱表现的人，性格比较内向。在工作的前几年，她不爱出风头，一想到被众人目光聚焦的感觉，心里就七上八下、紧张不已。她很少表达自己的观点，因此存在感极低。

有一次，她和同行小柯因为业务上的关系结识了。

她和小柯提起："其实，我们一年前就一起参加过一门培训。"

小柯一脸迷茫，努力回忆了一下，还是坦诚地表示不记得了。

张小姐心里有点失落。

她突然意识到，自己工作两三年来，一直在原地踏步，正是因为她从来不"逼"自己去当众表现——你从不表达观点，别人就不会知道你的看法；你从不发言提问，别人就会忽略你的存在。

没有人会注意你，没有人会赞扬你，没有人会羡慕你。

你就这样被忘了，即使已经工作了两三年，在大家眼里也不过只是个可有可无的透明人。

张小姐所在的企业是一家跨国公司，时常要开远程会议。以前每次开会，她很少发言。通常是总部代表讲完后，问还有什么问题不清楚，其他七个国家的代表依次提问。最后总部问，中国人有没有什么意见？

这时候，问题差不多都被其他人问完，张小姐只能说"没有没有"。

不甘心永远这样沉默下去，张小姐下定决心，逼自己改变。

她暗暗给自己定下任务——每次视频会议，一定要抢在第一个提问，哪怕只是问"刚才讲到的×××能再解释一下吗"。

从一开始的头皮发麻，到后来越来越自然流畅，张小姐渐渐喜欢上了积极表达的感觉。

起初，她很担心自己的提问没水平，被别人笑话。但后来她发现，如果逼着自己提问，就会下意识地更认真地去倾听和思考，最后提出来的问题，往往是很有质量的。

因为逼着自己去表达，她在同事的眼里，逐渐从"啊我想想，她人还不错吧"的透明人，成长为"很有想法""很有见解"的业务骨干。

有时候，人要逼着自己去成长。

张小姐对年轻人的奉劝是：永远选择不安定的一方。对人生方向犹豫不决的话，就往变化激烈的一方走。逼着自己离开舒适区，你才能快速成长。

说到该选择什么样的职业，张小姐甚至开玩笑说："千万别选爸妈让你选的工作。"

譬如，她就没有听爸妈的话，在当地谋一份铁饭碗的工作，每天做一成不变而毫无挑战性的工作，而是选择了进入竞争激烈的外企，逼着自己每天快速学习，边学边用，每天都在逼自己迎接挑战，每天都在突破自己、超越自己，一天天成长起来。

某品牌亚太区总经理董先生也有着类似的心得。

董先生的人生转折点发生在34岁那一年。

在此之前，他只是庞大集团中的一颗小小螺丝钉，薪水勉强能供给妻子和刚刚出生的孩子。

2000年时，公司想要外派总部员工开拓中东、非洲等空白市场。当时，候选人除了董先生外，还有几个和他资历相仿的同事。

包括董先生在内的几位候选人都犹豫着，外派虽然是升职加薪的跳板，可也意味着要背井离乡，在陌生的国度东奔西走，还时时顶着单枪匹马开拓市场的巨大压力。

其他几个人最终选择了放弃这个机会，而董先生决定逼自己一把，把自己推出舒适区，踏上了外派之路。

当时，公司没给他一兵一卒，他只身上任，一个人拿着行李就去了阿拉伯。

七年外派，他飞来飞去，以至于早上醒来常会不知道自己身在哪里。

他在印度做行销，做路演，租了三台卡车，让使用者到卡车上体验产品，如果觉得好就用卡车把他们载到附近店里去买。以这样的方式，他亲自跟着卡车，跑了印度整整八十一个城市。

这七年时间里，他帮公司打开了阿联酋、伊朗、以色列、哈萨克斯坦、乌兹别克斯坦等国家的市场。

外派回国，他成为公司的亚太区总经理，为人信服。

在贫穷落后的印度、在纸醉金迷的迪拜，在各种巨大的文化差异下，他经历过艰难，忍受过孤独，也是有过退却之心的。但他“逼迫”着自己坚持下去，继续披荆斩棘、开疆辟土。

不逼自己一把，你永远不知道你有多优秀；不逼自己一把，你永远不知道自己有多大潜能。

很多“优秀”的人，就是这么逼出来的。逼自己不要懒惰、不能胆怯、不准退缩，逼自己从舒适圈里走出来，让自己在一场场硬战中日趋成熟。

面对人生抉择时，退一步，并不会海阔天空。你一次次退让，其实是在拱手交出对生活的选择权。你不逼迫自己，到了最后，就只能为生活所迫，被动地束手就擒。

我也问过自己：总是逼着自己，那人活着到底是为了什么呢？

前段时间，我采访了几个瘦身成功的妹子。其中一位，三个月瘦了三十斤，骨骼肌从22.5千克上涨至24千克，胸围从C升到了D。

减肥的那三个月里，她逼着自己每天下班后，七点赶到健身房，拉伸到八点，有氧运动四十五分钟，再拉伸到九点。回到家，已经是十点。有的时候要加班，她就约一大早七点的健身课。

公司发蛋糕，她把蛋糕分给所有人，自己不敢吃，眼巴巴地问同事好不好吃。

加班时叫外卖，同事们点了麦当劳，她就只敢点一份土豆泥，用水泡过后再吃。

她说：“我想试试看，这么多年来，我究竟能不能坚持下来一件事。”

逼自己坚持三个月，当然不容易啊。可是瘦下来以后，就可以穿腰身尽显的漂亮裙子，就可以在自拍时不用拼命找角度，就可以不经意晒晒锁骨和人鱼线……

你现在逼自己做不想做的事，是为了将来能尽情地做想做的事。

现在的你，逼着自己去成长，去变成更好的样子，把握人生的主动权，将来才不会为形势所迫，被驱使着艰难前行。我们逼迫着自己努力，是在为将来争取随时任性的权利。

有时候，人要逼着自己去成长，别偷懒、别胆怯、别退却。“进”一步，才能看到海阔天空。

如果有什么想法就不要张望了，抓紧时间行动吧

有一位杰出的父亲告诉他的女儿说：你一定要勇敢地尝试，即使过了很多年以后，发现自己又回到了原地，也不要在乎。没有人曾经这么告诉过你，你的父母也要你做一个每个月有固定薪水，老了之后有退休金的常人，但是你的血液里不知道从什么时候起，一直有一种不服输的冒险家因子在不时跳跃着，驱动着你的思想及行动。你在三十岁那年，决定要开拓自己的人生视野。

三十岁之后，你开始习惯独自旅行，足迹遍及文明的大都市，以及不太容易找得到同胞的角落。你曾经开车穿越了英国和新西兰，也曾经拜访北非、中东和巴黎，你喜欢不一样的风俗民情，也开始懂得享受星光下一个人的寂寞。你发誓每年要学一样新东西。其实，三十岁才开始的事情，不管你能够做得多好，都只能是业余爱好了。但是不计较结果的学习本身就是一种令人喜悦的成长。这些年来，你学过了油画、陶艺、摄影，拿到了潜水执照，跳了几年的弗朗明戈舞，又多拿了一个硕士学位。为什么要学这些东西呢？很多人问过你，你不知道，然而却乐在其中，你相信，学习本身就是一种犒赏。

你开始转行。这一年你跨入了电视圈，很奇妙的机缘。你从小未曾立志出现在电视上，也从没想过自己有一天会拍那么多广告片。那个时候大家都说，你不会做得太好的，那个圈子和作家的形象不符，你不会适应。其实，刚开始你还真的不太适应，但是实力的累积都要靠磨炼。只要不怕，你就可以。

从那一天起，你没有离开过电视圈。这的确是一种很深的缘分。有时

候，重复性太高的工作让你有些不耐烦，可是每一次灯光亮起时，你又乐在其中。你学会告诉自己，就算是作曲家，也可能有一天厌烦那些像豆芽菜的音符；就算是作家，总有一阵子会对自己写的东西倒胃口。如果那是一个你不讨厌的工作，它必然有正面效应与负面效应，有你喜欢的人和不喜欢的人，所有的挑战，你都得接受。

你会对自己说："只要不怕，你就可以。"还有"可以战败，不要未战先降。"从三十岁起，你用这句话勉励自己，至今仍然常常对自己这么说。

岁月是永远不能重来的。虽然，很多人喜欢问我"如果可以重来，你要做什么"的问题。如果可以重来，我想我还是会选择不惧怕，永远忠于自己的选择。就算是选错了，跌得头破血流，也要学会站起来。

如果可以重来，我会多交一些志同道合的朋友，并且懂得关心他们，和他们一起欢笑或哭泣，一起为共同的理想奋战。有朋友肝胆相照真是最美妙的事。在真正的朋友眼中，你会看见自己的价值。

如果可以重来，我会好好地管理自己的钱财，不会把看账本视为烦人的事。这是三十岁的你最大的弱点。其实，账目和理财很简单也很有趣，可惜过了十年，你尝到了许多教训才学会。可当年告诉你这些，你会觉得这好像有点"现实"，因为你是个文艺青年，虽然不至于不食人间烟火，但一看到数字，不知是自视清高还是不太耐烦的缘故，总是头皮发麻。

十年后你才了解，金钱管理和时间管理其实有异曲同工之妙，都是现代人管理自己最重要的功课。你不需要锱铢必较，但要理性地做各种决定，能够合理地控制金钱流量和决定投资。这是一件很有趣的事情，而且会让你无后顾之忧。

三十岁时，你做得最正确的一件事，就是尽量不要在不快乐中浪费生命，那是人生的转机。写给三十岁的你，也写给每一个自以为跨进了人生的大关卡，还在十字路口张望的三十岁的朋友。

认真对待经手的每一件小事

[1]

表妹大学毕业后签了一家不错的企业，但竞争非常大，半年实习期结束后五个人只留一个。

我们都觉得她压力一定很大，可她感觉非常轻松，因为公司并没有给她们安排太多工作，每天除了整理一些资料，就是为同事们泡泡咖啡。当然，与她们的工作量相符，实习期里，她们的工资也相当低。

而整理资料和泡咖啡谁不会呢？正是因为工作难度低，工资又少，才过去一个月，实习生中就有人辞职，理由很统一："泡咖啡太屈才，我是重点大学本科毕业生，为什么要做这些？"

其中一位辞职的姑娘和表妹关系好，不仅自己辞职，还要介绍表妹也来自己的新公司。公司小是小点，但好在薪水可以立刻翻倍，人也非常忙碌、非常充实。

其实，表妹泡咖啡也泡得很疲惫，而且原先的实习生刚走，新的实习生马上补充进来，分分钟被代替的感觉实在不好。但表妹看出这并不是常态，因为公司前辈们各个忙得要死，拿的工资在这座城市中也绝对属于高薪。

既然决定留下，表妹变得很用心，没事就看相关书籍，力争将整理资料和泡咖啡这两件事做到完美。有一天我去她家做客，发现她竟然买了一台咖啡机，不仅谈起咖啡的种类如数家珍，零基础的她居然学会了咖啡的拉花。看着咖啡杯里那朵简约的玫瑰，我有说不出的惊喜。

天助有心人，半年过后，表妹留在了那家单位。如今，她再也没有赋闲的时光，而是成为一天恨不得当两天用的职场精英，有很多实习生排队来为她泡咖啡。

谈起那段实习经历，她说：世上哪有屈才这回事？当你真的用心，你会发现做好一件小事也是很不容易的，里面涉及的知识博大精深，需要我们怀有很深的敬意，付出极大的诚恳。

[2]

用小事考验员工的工作态度，并不是表妹所在企业的独家风范。以前做记者时，我采访过一位知名企业的总裁。她提到自己选员工的宗旨，工作能力差一点无所谓，但工作态度一定要认真，对企业一定要有爱。所以，她总把一些相同的小事交给不同的员工做，比如设计一份表格、做一个PPT。结果很有趣，总是能力中上等的员工完成得最棒。

当时，我特别纳闷。其实，我自己在工作中也常见到有才华的人恃才放旷不得志，反而是工作能力中上、工作态度勤勤恳恳的人一直在往上升，我觉得特别不合理。

总裁一笑，为我解疑。她说，一个人对待工作的态度就像结婚。如果一个美女选择和一个平凡的男孩结婚，却一直抱着下嫁的心理，觉得自己很委屈，要求男孩通过其他途径弥补她、呵护她，加倍对她好，否则就要扑扇着翅膀往高飞，你觉得男孩累不累？

我听完一愣，觉得非常震撼，非常有哲理。

企业就像男孩，一个企业如果想长久地、稳稳地做业绩，进入高层的人绝不允许有一颗“下嫁”的心。“恃才放旷”不尊重自己所做工作的人，不会珍惜工作机会，自然不会懂得感恩。

[3]

不仅工作如此，其实任何一件小事都是这样。

25岁以前，我一直觉得女人要实现自己的价值，就一定要有过硬的专业知识。会销售也好，会写稿也罢，总之，洗衣做饭收拾房间之类都是小事，会赚钱才是衡量成功的第一准则。

所以，我们班里有一位成绩颇好的女生因为特殊原因要去做家庭主妇，我还觉得特别可惜，太屈才了不是吗？早知毕业后要天天做家务，何必辛辛苦苦地高考、读书呢？

直到前几年，我因带娃辞职在家，每天面对被宝宝搞得乌烟瘴气的房间无从下手，真恨不得坐在地上大哭一场。这才知道，觉得“屈才”的事也并不那么好干！

为了学习收拾房间，我在网上买回一本关于收纳整理最畅销的书，无意中接触到一位最会做家务的女性——近藤麻理惠。从上幼儿园起，她每天回家的第一件事就是清洁、整理家人弄乱的房间。经年累月，就是这样一位普通女孩，在出了一本关于收纳整理的书籍，将自己做家务的心得与大家分享，帮到千万不懂收纳的主妇之后，竟迅速红遍全球。

英国媒体称她是“日本整理女王”。美国《时代》周刊对她更是不吝赞美，将她评为“2015全球最具影响力100人”之一，上榜理由是特别会做家务。

而这些赞美不仅带给她名气，也带给她非凡的财富。全球无数名门主妇花重金排队请她进行一对一的家务指导，她的讲座更是一票千金。

当最会做家务的女孩影响全球，与亿万富翁们比肩，当教别人如何做家务成为金光闪闪的高端职业，我们的价值观是否经历了洗礼？

[4]

古人说，一物精致便可动人，而这“一物”并没有高低贵贱之分。

简单的事，谁都会做，可越是简单越不容易出彩。重复的事，谁都会厌烦，但愈是厌烦愈考验做事人的耐心和智慧。

一花一世界，一叶一菩提。愿你认真对待经手的每一件小事，既有自信也有谦卑。

也愿你虚怀若谷，事无巨细，有一颗“不屈才”的心。

学会释然，人生才会坦然

想要摆脱困境，
只有将身上的泥沙抖落，
把它作为成功路上的垫脚石，
才能在困境中破茧成蝶。

决定你人生的不是你的境遇，而是你的眼界

[1]

趁着周末，去图书馆坐了半天。

在堆积着四六级、考研、考证书籍的书桌上看小说，感觉还不错。我不知道如果真正离开校园的多年后，会不会怀念图书馆书桌上面午后照进来的阳光。

很多时候的感觉，真的就是，偌大的城市放不下一张安静的书桌。

今天来校园是为了陪晓晓考四级，所以忍不住想讲讲她的故事。

我和她的相识是在小学，那个时候我很喜欢给朋友写信，当然就包括她。当时的我幼稚懵懂，不知道身为转学生的她会遇到怎样的事情，直到成年后的今天问起来，我才知道她会有那样的不容易。

小升初的时候因为学校各种合并、搬迁，她所读的初中是那所学校的最后一届，教职人员和教学条件都已分崩离析。那个时候还没有真正意义上的升学考试，仅仅因为几个领导的大笔一划，命运就分成了两边。

在她那所初中里，她成绩不错，中考也发挥稳定，但是成绩出来才发现原来结果如此不如人意，之前的一切只不过是个假象。

就这样，她去了一所她极度排斥和不喜欢的高中。看到学校乱糟糟的教学管理和学习风气，她极度失望，觉得这样学下去也不会有什么希望。

而家里人不明所以，不知道为什么她初中成绩那么好，却只考到这个学

校，念念叨叨的声音充斥着她的叛逆期。

她故意在期末考试的时候不去做选择题，考了个低分。寒假里，她照例被家里人说得一无是处，她明白那是一种恨铁不成钢，却从来没有人问过她为什么会考得这么差。

所以，十六岁的她，带着一份固执和不甘，毅然决然选择一个人去了上海。

没有文凭和经验能力的她什么都做不了，只好跟着一个朋友去做美容。头三个月的培训非常辛苦，她每天晚上都会躲在被子里哭泣，家里人劝她回去读书，她却咬紧了牙关。

因为她说她回不去了，辍学的事情早就尽人皆知，她无法想象回去会面对怎样的人生和境遇，也不觉得回去之后的人生会有什么希望。

但是她还是笑着跟我说，她很庆幸有那三个月的培训，现在的美容师都不会有这么系统的岗位培训了。那三个月，她掌握了很多扎实的知识。对于学习，她依旧是一个认真而有天分的人。

[2]

就这样，在上海最繁华地段的店面里，她做了美容师。一个月、两个月，日积月累，她成了手上客户最多的美容师，店里已经缺不了这个人。

她跟我说，她的业绩好，是因为她在认真对待这份工作，跟每个客户坦诚沟通，而不仅仅是希望他们办卡消费。

因为一般能做得起这种高端美容的人，都是非常有学识和阅历的。而且做美容的时候，人是非常放松的，这些混迹上海的男男女女会聊聊自己的感情史，创业史，表达自己对社会和人生不同的见解和看法。

她感受到的，不仅仅是别人的倾诉和表达，而是一种改变和教育。

也许对于美容这个行业，很多人都戴着有色眼镜。她工作的店面是上海很大的美发美容一体店，在徐家汇，客户一般都很高端。

但不排除会出现素质低下的客人，在她十七八岁的时候就遇到过。客人出言不逊让她战战兢兢，她把事情跟楼下的理发师说了之后，几个小伙子都说要上去揍这个客户，他把这里当成什么地方了。

想想那个时间，我还在高中的课堂上，为了一道数学题而烦恼和忧心，她却要开始面对各种各样的恐惧和张皇，一切显得那么戏剧化。

她的很多客户都很欣赏她，觉得她不是池中之物，不适合待在美容院工作，就经常帮她出主意，找关系，希望她换一份工作。她也知道这样的一份工作不是长久之计，虽然那时她的工资已经好几万，但总不是她心中所想。

一次偶然的机会，有个朋友说可以把她推荐到上海的一所幼儿园，她很高兴，但在学历和经验方面她没有任何优势。不过她有这个决心去改变自己的人生和生活，所以决定得非常果断。

她回家弄好了高中毕业证，想尽办法参加成人高考，考上了在职的大专，然后是考幼育证书，她格外珍惜这个改变人生道路的机会。但是幼儿园方面却不能给出准确答复，毕竟她是一个连大专毕业证书都还没有拿到的人。

而美容院这边的工作，因为领导知道她要离开，所以也就不愿意把客户交到她的手上。等幼儿园入职消息的那几个月，她换到了一家小美容院，因为只是临时工，所以她也接不了什么工作，就每天给别人洗头，从早上开门到晚上下班，一个接着一个不断地给客人洗头，那个时候她的手都是烂掉的。

她说，来上海那么多年，那是最痛苦的日子。但是为了换得一份体面和有前途的工作，她必须付出代价。

就这样在没有明确答复的情况下等了三个月，终于幼儿园有个老师休产假回家，她顶替了上去。

那个时候她还没有拿到大专毕业证书，因为院长的关系勉强进去工作。一开始的她什么都不会，办公软件、幼儿教育完全是一头雾水，但是又不能在别人面前露怯，所以只能硬扛着，通过观察别人积极学习。

好在，她对待孩子有一份真诚和善良的心，所以在沟通和管理上做得并不比谁差。

[3]

如今的我，大学毕业，来上海工作，和她住到一起。

她已经考上了华东师范大学的专升本，每周去夜校上课，在幼儿园也站稳了脚跟，得到了同事的认可和信任，拿下了所有该考的专业证书。然后有了一个交通大学硕士毕业的男朋友，她支持他的创业和扩展，把生活过得有声有色。

那天晚上，我们聊了太多，其中的艰辛是我没办法想象的，我以为她是顺顺利利当上了幼儿教师，在上海幼儿园工作，听起来光鲜体面，却不知道这六年的曲折和艰难。

在她的朋友都在学校里因为期末考试和晚上中午吃什么而烦恼的日子里，她得为了自己的生存和发展付出那么多努力。她让我很震惊，也很敬佩。

日常生活中，我们聊得最多的除了男朋友，就是她的幼儿园小朋友了。也许因为每天和孩子在一起的缘故吧，她的心态比我们刚毕业时还要年轻。

她对小朋友的爱是发自内心的，不管再怎么爱玩爱闹，工作中她却从来不愿意请假。她每天关注的新闻都是跟孩子有关的，QQ空间里她就是个“晒娃狂魔”。

她说以后幼儿园老师可能要入编，她一定要在那之前拿到本科文凭，考过英语四六级和计算机。她说了，也正在做。她不断健身，不断考试，不断学习，生活充实，独立而美好。

我试想过，如果我遇到相似的事情，我很难坚持到现在，即使可以，在日后的生活中我可能就会失去那份充满活力的心态。我会害怕、会胆怯、会疲惫和小心翼翼。

但是她没有，她的眼睛干净得天真无邪，她的生活阳光得无畏无惧。

很开心她拥有很多大学同学都已经失去的天真和善良，她对孩子和陌生人都有着真诚的耐心和怜悯。

我不明白我之前遇到的很多人，他们在学校里生活，却早已变得世故和圆滑，他们对社会早已心存戒备，满是抱怨。其实很多时候的很多事情，只是因为害怕而害怕而已。

那晚我们聊到深夜，她语气平静，轻描淡写。只是说到离开学校，家人不理解的那段日子，她还是会忍不住流泪。

我问她后不后悔，她说那是没有办法的事情。那些留下来的班上的前几名，也有很努力靠自学考上大学的，那就是另外一条人生轨迹了。她选择了自己的这条路，如今走到现在，也没有什么后悔不后悔的。

她告诉我说，她现在去美容院还会遇到以前的同事，她们还在做美容，然后老公是做美发的。工资虽然高，但是没有节假日，从早到晚地工作，十分艰辛，没时间陪孩子，没条件买房子。他们的想法还停留在以前，觉得工资高赚到钱就好，她庆幸自己跳出了那个圈子。

人生的确会因为环境和境遇做出各种不同的选择，最后步入完全不同的人生轨迹。其实并不需要后悔，而是要弄清楚自己想要的到底是什么，然后为了它不断努力，得到最向往的生活方式。

当你的眼睛看到的并不是自己所局限的这个圈子和人生的时候，就要试图跳脱出来，努力变优秀，努力改变。决定你人生的不是你的境遇，而是你的眼界。

六年前，这个地方大家还不叫它“魔都”，但是依旧有一群想要改变自己命运的人为它着魔。

想要活得轻松，你得学会释然

人生路上难免磕磕碰碰，遭遇顺境和逆境属于生命过程中的必然。君子也好，小人也罢，都是人生有缘者，内心学会释怀、释然，人生才能坦然。

如果，人生要过得轻松，就不要去耿耿于怀，别人给你脸色看，你大可不必与之计较，淡然一笑，也许，心入清风便让这些不快随风飘散。别人风言风语，你大可假装没有听见，好与坏都是活给自己看，别人的评论只能是人生的参考。

人生太短，没有太多的时间留给我们去奢侈地浪费，也没有太多的时间供自己去斤斤计较得与失！生命中的每个小小片段都有它存在的价值，只是时常被我们忽略了，被我们的情绪掩盖了，最终被无情地打入冷宫，不闻不问！当面临付出惨痛的代价时，我们才恍然大悟，当初的做法实在是太糊涂！等到清醒觉悟的时候，已经物是人非，往往很多事情的不良结果都是起因于耿耿于怀！

当生活黯淡了色彩，请不要埋怨，要理智地去看待，透过它的表面能折射出智慧的光辉。当伤心难过的时候，请不要沉浸在泪水中消沉，要尝试着去探究深层的道理。当人性的丑陋淋漓尽致地展露在面前时，请不要忘了背后还有人性善良的一面！人生中这些点点滴滴的心路历程，虽没有艳丽的色彩，却会一直伴随着我们，激励着我们，克服人生中的种种不如意，以阳光的心态去迎接人生中的所有挫折！

对人，对事，试着让自己不去计较，保持一种宽容的态度，或许，你的生活会充实许多，没必要为了那些小事而浪费时间。花一些时间做点有意义的事情，比耿耿于怀收获的要多。耿耿于怀就是对自己自信的挫败，耿耿于怀就是对自己前进的障碍，耿耿于怀就是对快乐的伤害。放弃这些不相干的心灵负累，不要做一个耿耿于怀的弱者，而要做一个宽容的强者。如何选择，就看你想怎么生活了。

这个世界，看得淡了，一切就变得简单。释怀就在那么一瞬间。逆境和顺境都是人生的过程，逆境不气馁，需要坦然释怀；顺境不飘然，也需要淡定释怀。

顺境中，你收获的通常是物质财富，然而大部分时间里，你是在不断地丧失，丧失着生命中原始的豪迈与激情。故，福兮祸之所伏，不能飘飘然，顺境中必须看淡释怀。

逆境仅仅是一段距离、一个门槛，同样也是一次转折、一次醒悟和一次升华。在逆境中你往往会突破生命中的樊篱，超越世人以往的常规，书写连你自己都不曾想过的神话。所以，逆境才是你的资本、你的证明。在逆境中不气馁，见招拆招，见怪不怪，正确面对，坦然释怀。

谁还不曾遇上几个低潮期

普希金有首名诗：假如生活欺骗了你，不要悲伤，不要心急。忧郁的日子里需要镇静，相信吧，快乐的日子将会来临……

以前每每读到这诗句，立马像打了鸡血般“满血复活”，人生真是充满希望啊。后来渐渐发现，进入社会后，生活的暴风雨实在来得太凶猛了，普希金这句名言早已与自己混迹天涯的法则格格不入。

或许被生活欺骗得太多了，早已被训练成遇事总是作最坏打算的逻辑，即使还没发生，我也诚惶诚恐。如果不是被生活打磨得足够自信，真不敢轻易告诉自己，慢慢来，牛奶和面包都会有的。

不是吗？当你很努力时，却偏偏穷得啥也没有，能不急吗？刚毕业，却遇上一个苛刻老板，天天加班做牛做马，吃盒饭吃得满脸痘痘，还克扣你的工资，忧郁的日子里，你还能镇定吗？每天累得不行，还要搭两小时的公交车回昏暗的出租屋里继续挑灯夜战，还没见到曙光就要倒下的节奏，能不悲伤吗？

记得刚刚大学毕业时，我常常陷入焦虑和悲伤的情绪中不能自拔。在我的头顶总有一团高压云笼罩着，惶惶不能终日。

为什么在公司里，我总是像打杂的一样碌碌无为？为什么世道如此艰难，平白无故也会被老板骂得狗血淋头，还要笑嘻嘻地吞下一千个委屈后继续工作？

我曾经经历加班加到流鼻血，差点以为自己会“壮烈牺牲”在办公桌前。深夜颤颤巍巍地回到家，用冷水洗洗脸，倒下睡了，第二天照样被上司使唤着东奔西跑。

那时候，我的女上司是个40岁左右的中年妇女，每天被她玩命地使唤，累死了好多脑细胞。策划方案被退回不少于十遍才能通过，预算方案没精确到小数点也会被骂，上班穿得不够体面也会被拉进办公室训一顿，安排我一个人到仓库清点物料、搬搬抬抬、件件打包……我常常郁闷地自问：凭什么接受过高等教育的我要如此作践自己？

每当工作量爆表，压力大到差点内分泌失调，上司的“靡靡之音”此起彼伏时，心中便是翻江倒海、各种辛酸。我不止一次地想着明天就去辞职，因为再这样下去，就算不累死也会累残。

最终，当你深信自己够坚强，被蹂躏了几百遍仍然视工作如初恋时，命运似乎有了转机。因为对女上司的恐惧，担心一不小心就被她翻白眼，我更加要求自己工作上不容有失，渐渐形成一丝不苟的职业素养。一点一滴的努力开始得到领导的赏识，领导也渐渐地让我接手一些大型的项目，从策划到落地，我都能做得妥妥的。

工作感觉越来越得心应手，上司看我也顺眼起来了。现在工作对我而言不只有煎熬，也有快乐。原来我们常常以为自己熬不下去了，可是只要再加点坚持和忍耐，一切都会慢慢好起来的。其实，人生何尝不是一场恒久忍耐的战争。

就像马云说的，今天很残酷，明天更残酷，后天很美好，但绝大部分人是死在明天晚上的。难怪就连尼采也说，那些不能打垮我的，必使我更坚强。

人生中，不如意事十常八九，没遇上几个低潮期，怎么好意思谈人生？

再黑暗的岁月也有烟消云散的一天，就像花好月圆的歌词一样：“浮云散，明月照人来。”

如果你没那么勇敢，需要一点点克服这些艰难险阻，那就不妨多读几本书增长知识，去健身房跑上几个回合，约上三两知己把酒谈心，或者直接睡一场酣畅淋漓的大觉。睡醒后，明天是崭新的一天。

打不倒的你，又是一条铁铮铮的汉子。

你并非想象中的那么不堪

判断一个人是否为可塑之才，除了看他的为人处世之道以外，还要考察他被放任无所事事时的表现。当我们不受重用的时候，不要灰心丧气，更不要自暴自弃，要知道，这是我们养精蓄锐的最好时机。等我们的能力增强了，便能在机会来临时，一手抓住。

正如一位哲学家所言：当上帝关上一扇门时，总会为你打开一扇窗。在这个变幻无常的世界上，没有永远不变的劣势与优势，正所谓三十年河东，三十年河西，就如《红楼梦》里的四大家族一样，曾经煊赫一时，可是也有“家败凋零”的时候。同理，无论你现在有多落魄，也绝不要随意贬低自己，永远不要放弃自己。只要你善于思考，保持积极向上的良好心态，看上去不可逆转的劣势或许会为你叩开下一扇成功之门。

鲨鱼一向是杀手的代名词，令人闻之色变。然而，在很久很久以前，鲨鱼是海洋里唯一没有鱼鳔的鱼。鱼鳔可以说是鱼的生命，如果没有鱼鳔，鱼就不能任意地在水中上浮和下沉。所以，没有鳔对鲨鱼来说是个巨大的劣势，它只能不停地游动才能保证自己的身体不沉到水底。可也正是由于鲨鱼不停地游动，造就了它强健的体魄、敏捷的身手，使它成为海洋中的霸主。

谁都渴望人生是一望无际的草原，一马平川，那样我们就可以在上面任意驰骋，挥洒自己的理想。但这只是我们的一厢情愿，唯有曲折才是人生的常态，上帝不会随随便便就把你想要的东西给你。人生的路上总会遇到一些不顺心的事，人们或许会埋怨上天不公平，抱怨社会的黑暗，感叹自己命运的多舛，于是否定自己、放弃自己，觉得自己注定不会有出人头地的机会。其实，这些仅仅是人生的常态，人生不可能是一帆风顺的。

对于世间万物，上帝的态度都是公平的。穷人是穷，可也有穷人的快乐；富人是富，可也有富人的烦恼。一个障碍，的确让人痛苦，可反过来想，这也是一个新的已知条件，只要你愿意，有决心，任何一个障碍都会成为一个超越自我的契机，一个改变劣势的转折点。相信自己会心想事成，关键是如何去面对困境，在困境中调整心态，将困境转变成力量之源。

就拿职场来说吧，很多时候，我们都会遇到坐冷板凳的情况，不被上司器重，没有施展才华的舞台。处在这样被冷落的位置上，很多人都难免会自怨自艾、失落沮丧。在这种困境面前，一时的低落很正常，但要想更快地从中走出去，就要冷静思考，寻找原因。其实只要我们借此机会调整好自己的心态，养精蓄锐，厚积薄发，把冷板凳坐热，当时机成熟时，就能取得突破性的成绩。

在职场上，我们都希望成为公众注目的焦点，能够呼风唤雨，叱咤风云，谁也不希望被罚坐冷板凳。不甘于寂寞的我们或许有点儿太急于成功，必须承认在特定环境里，不可能所有的人都成为主角，我们何不将冷板凳看作机会？它能够让你避开组织内部钩心斗角的风险，与其急于表现自己，不如暂时收敛锋芒，把一时的孤寂当作老板或上司有意考验我们的机会。

“天将降大任于斯人也，必先苦其心志，劳其筋骨，饿其体肤”。想要成就一番事业，就必须拿出接受挑战的勇气，克服困难的魄力，同时还要有身处孤寂的耐力。我们更要保持宽容、积极向上的心态。在言谈举止中，要表现出自己淡定的风度，培养自己把冷板凳坐热的耐心，把它当作一个磨炼意志、休养生息、提高个人能力的机会。

有时候，我们在漫漫的生命旅程中，会遇到诸多磨难，难免会陷入“枯井”的困境当中，可能还会有各种外界施加的泥沙覆盖在我们身上。这时的我们不要自暴自弃，也不必怨天尤人，而是应该以一种正确而积极的态度去应对。即便是在“枯井”里面，我们也不要哭泣，想要摆脱困境，只有将身上的泥沙抖落，把它作为成功路上的垫脚石，才能在困境中破茧成蝶。

绝不要随意贬低自己。低谷期也是一个人成功路上的必要阶段，不能回避。我们的成绩和机会正是从低谷中争取过来的。通过耐心把冷板凳坐热，通过出色的工作为以后的成功打下坚实的基础。当机会来临时，你会发现曾经的劣势如今已是你最大的优势。

别做一个滥好人

[1]

据说中国的男人如果缺少生育能力，女人往往会表示谅解和宽容，而中国女人如果不能生娃，八成会被扫地出门。

所以，当听说自己熟识的女伴因为不能生育而面临婚姻破裂时，我应该感到没那么惊讶才对。

可是我不能不惊讶，因为她是红樱，他是杨烁。他们感天动地的爱情曾经深深鼓舞着我们一众对爱情踯躅不前的文艺青年。

童年时期经历一场车祸之后的红樱，早早从邻居们的窃窃私语中模糊知道，她作为一个大难不死的幸运儿，身体里的某一部分却已经不再完整。这让长大后的红樱对爱情一度小心翼翼。

红樱一直到二十多岁，才有了第一个男朋友，这让我们异常高兴。我们想，能让红樱把心门打开的这个人，一定是值得托付的吧。

红樱的男朋友叫杨烁，比红樱要小两岁。他嘴巴很甜，人也勤快，尤其是对红樱非常呵护，大家都对他很满意，渐渐把他当作了朋友圈里的一员，有什么活动也会叫着他。

有一回，我们一起聚餐，红樱有事没来。杨烁喝了点酒，我在酒店走廊遇见他，多说了几句话。他知道我和红樱关系很好，对我许诺：“你放心，红樱吃了那么多苦，我不会让她再受委屈啦。”

提到红樱吃了很多苦，杨烁忽然有点犹豫，问我：“她真的有那么严重，不可能要孩子了吗？”

我心里一惊，因为我知道红樱的性格，她不可能不把这样的事情说清楚，而杨烁居然仍心存侥幸。当时我挺严肃地跟杨烁说：“这个问题你要想好，千万不要勉强。”

杨烁酒醒了一半，拍着胸脯对我说，他无论如何都不会离开红樱，刚才不过是随便问问。

红樱和杨烁，继续做着我们心目中的金童玉女。

[2]

一直到他们谈婚论嫁，事情却发生了转折。

杨烁是独子，红樱因身体状况无法为杨家完成传宗接代的使命，因此受到杨烁妈妈的激烈反对。

杨烁确实做了一些努力，他先是做母亲的说客，后来又用冷战表达了抗议，可见他还是爱红樱的。但杨烁更爱妈妈，最终，红樱输了。

她像是被人带到云彩上飞了一圈，然后又从云彩上摔了下来。

红樱这次受到的伤害，并不比童年那场车祸要少。

他们分手之后，大家在很长一段时间里私下讨论这件事。

朋友们有的关注女性生育的必要，有的关注婆媳关系的可怕，而我却常常想起那个午后，杨烁在短暂犹豫后的信誓旦旦。

那时候的他，对将来所要面临的问题，不是没有想到吧。

为什么要把一个人伤得体无完肤之后，再流着眼泪说抱歉？

如果结局注定如此，又何必在一开始把情根深种？

所以我宁可原谅杨烁的妈妈，也无法原谅杨烁。至少杨烁的妈妈没有不负责任地把红樱领回家，然后又拿一些原本就存在的问题来使她为难。

倘若这样的话，红樱的日子岂不更惨？

[3]

谁不想要当个好人？

然而不忍心拒绝的人，却常常因答应时缺乏原则，最后缺乏担当地害人害己。

不止在爱情里，在职场里不懂得拒绝的人也很容易吃亏。

某公司新来了一个刚毕业的大学生小唐。不仅为人谦逊，而且心地善良，很快受到了其部门的一致好评。

月底考核，小唐连续三个月垫底，这让她感到委屈。经理把小唐叫到办公室，拿绩效明细单给她看，小唐的扣分都是实实在在的工作失误，一点也不冤枉。

小唐向经理解释："这几项工作原本不是我的，我只是给同事帮忙。由于我对他们手头的工作缺乏前期的了解，所以才出了错。"小唐的理由听起来既无辜又充分。

经理问小唐："当你接过这几项工作的时候，你也不确定自己能够胜任，对吧？"

小唐无语，默默低下了头。

"那你为什么还要答应帮他们呢？"

"因为他们都急着下班去约会，或者回家照顾孩子。"

“这就是你把工作搞砸的原因吗？”

小唐知道，这当然不是，真正的原因是她在该说“不”的时候说了“好”。

真的“好”吗？

其实小唐在无数个焦头烂额的夜晚，也曾在心里无数次埋怨过那些放下材料就跑掉的同事，她甚至暗自发誓，以后再也不会接这样的烂摊子了。

可小唐是个不习惯说“不”的人，总觉得一开口，就有愧于别人给她颁发的好人卡。于是烂摊子一个接一个地接了下去，不仅完成的吃力，而且错误百出。

[4]

经理明白了小唐的想法，就给她讲了一个故事。

古时候，有两个颇具名气的文人，一个叫华歆，一个叫王朗。当时对于这两个人的品行高下，人们一直争论不休。

有一天，华歆和王朗一同乘船躲避盗匪，这时，岸上有客人在逃命，请求他们收留。华歆没有答应，王朗却说：“我们的船还有位置，为什么不让他上来呢？”说着，他把那人请了上来。

船行至一半，盗匪追杀过来，王朗心里慌了，想要抛下客人以求自保。华歆不同意，他说：“在一开始，我之所以不愿意让客人上船，就是担心会有这样的麻烦。现在我们既然已经答应让他上船，怎么可以中途把他丢弃呢？”

从此以后，世人就用这件事来评判华歆和王朗的品行高下。

小唐听了经理讲的故事才明白，面对他人的求助，大包大揽并不是做一个好人的原则，相反，量力而行和负责到底，才是君子的作风。

一个贪官说“好”的时候远远多于说“不”，但他没有因此而被大众歌颂。

一个骗子说“好”的时候也远远多于说“不”，但他最好待在所有人的黑名单里。

除了目的不纯的贪官和骗子，最喜欢一团和气笑脸相迎的，还有“滥好人”。

“滥好人”真心地想做一个好人，他们热衷于表现自己的好心肠，却习惯先给我们希望，再给我们失望，最后让我们绝望。

而好人不一样，好人永远记得一句话：不轻诺，不负人。

所以好人会在一开始考虑周全，然后说“好”，或者说“不”。

敢于行动，少些犹豫

在一次同学聚会上，有一位同学特别引人注目，因为他取得了非凡的成就。在大家以前的印象中，这位同学不是一位优秀的人，成绩平平，各方面的能力也很一般。然而，谁也没想到短短十余年的时间，他就超过了班上所有的人。于是，大家纷纷向他投去羡慕的目光。

饭后，大家不约而同地问起了他成功的秘诀，他听后耸了耸肩，淡淡地说："其实也没什么，只不过我把大量的时间用在了做同一件事上。"

原来，大学毕业后，这位同学给自己定下了一个长远的奋斗目标，无论每天工作有多忙，他都尽量挤出两个小时的时间，坚持学习市场营销和企业管理。几年后，他辞职下海，自己开起了公司。由于掌握了丰富的营销知识和管理经验，他的生意做得风生水起，很快就成了远近闻名的企业家。

听了他的故事之后，大家都感到十分后悔，因为他们拥有同样多的业余时间，但基本上都浪费在了无聊的网络游戏和牌桌上。此时，大家才深刻地认识到，人与人之间的差距不在于文凭的高低，也不在于能力的强弱，而在于是否将零散的业余时间用于学习，是否数十年如一日地坚持做某件事。平庸与卓越，往往只在人的一念之间，抑或消极与积极的生活方式。

除了工作之外，每个人都有大把的业余时间。在这里，我们不妨算一笔时间账，假如每天中午十二点下班，下午两点上班，中间有整整两个小时，除去做饭和吃饭的时间，至少能够剩下半个小时。假如每天下午五点半下班，每天晚上十点钟睡觉，中间有整整四个半小时，除去料理家务和教育孩子的时间，至少能够剩下一个半小时，也就是说每天至少有两个小时左右的学习时间，这还不包括双休日和节假日。

你可别小看这两个小时的时间，如果坚持下去，常常能创造奇迹。以一本十万字的书为例，如果你每天阅读两小时，大约能看两万字，而五天左右就能读完一本书，一个月就能读完六本这样的书，而一年就能读完七十二本这样的书，是不是觉得很惊人啊？事实上，只要下定决心，你一样能够做到。

每天两小时，对于我们普通人来说都算不了什么，不过是少看一会儿电视，少玩一会儿电脑，少打一会儿麻将，但这两小时所积累的正能量却是无法估量的，所创造的经济价值也是无法想象的。居里夫人利用零散的业余时间，发现了放射性元素镭，奠定了现代放射化学的基础。马里奥利用零散的业余时间创作了长篇小说《教父》，成为美国文学史的一个转折点。奥斯勒利用零散的业余时间，研究出了第三种血细胞，为人类医学做出了杰出的贡献……

其实，成功就是一个不断积累和沉淀的过程，如果你也想干一番事业，那就不要犹豫，赶紧从现在做起，利用零散的业余时间，每天坚持做一件事。相信在不久的将来，你也会成为一位了不起的人物。

任何的不幸都会过去

[1]

社会上，有些生活艰难的人，他们的内心成天被抱怨、痛恨、敌视等不良念头占据着。他们认为这个社会对自己不公平，或者是所在公司的老板对自己不器重，或者是自己的父母无权又无势，但是却没有想过主观上的原因。其实归根结底还是自己的原因，只是，人们总是难以意识到这一点。人们不愿意去仔细想想自己生活得这样糟糕，和自己主观上有什么关系，也不去想想自己下一步该怎么办。

我曾经碰到过这样一位“不幸者”。人到五十，妻子和他离婚了，工作也丢了。刚找了一份送奶的工作，干了一个月不到就被炒了。他酒后的哀叹也常常能博得不少陌生人的同情。

但是，其实他以前也是人们眼中的幸运儿，在大公司工作，妻子谈不上国色天香，也算小家碧玉，知书达理。在别人的心目中都觉得他的日子过得很滋润，羡煞旁人。

为什么他变成现在这样子呢？原来，大约三年前，他迷上了喝酒、赌博。公司规定9点上班，他却很少在11点之前到。别人睡觉，他却在外面玩到天亮。儿子的作业他从没看过一眼，妻子生病在床而他在酒馆狂聊。工作上常常丢三落四，领导的一句批评，往往招来他的十句顶撞……每每看到他，相熟的人总是摇摇头，一声叹息。

他现在的情况在别人眼里确实是不幸的，但这能怪谁呢？

记得曾经有人说过这样一句话：“幸运之人必有过人之处，可怜之人必然有他本身的问题。”一家公司的老板很喜欢这句话，经常说给员工们听。当时，公司的一位年轻职员听了心中颇不以为然，甚至还有些反感，心想：你有钱，你家庭美满，事业有成，你幸福，可也并没有看出你有哪些过人之处呀？我们这些打工仔是不如你，可我们身上有什么问题呢？

一晃十多年过去了，这位职员从事过广告、编辑等多项工作，接触了大量的人，用句老话来讲，可谓阅人多矣。这些人用一个最世俗的标准来划分的话，就是两大类：成功者与失败者。当然成功者不一定是腰缠万贯，也许是事业上有所成就，家庭生活和谐美满，自得其乐者；失败者也不全是穷人，只是他们的自我感觉无一例外的是：我为什么不如人？我的运气差还是能力差？看着这些形形色色的人，这位职员常常想起那位老板说的那句话，突然觉得这句话简直就是一个真理，放之四海而皆准。

[2]

有人曾问我：“为什么在承受这么多不幸时还能如此快乐？”我告诉他：“不幸终究会过去，没有任何理论说过不幸会一直停留而不离去。”

不管是历史上还是现在的人们，都有许多历经磨难而终成正果的例子，从某种程度上说，生活中每个人或多或少都会经历磨难，尽管没有谁愿意经历磨难，但最终几乎人人都因此而变得坚强。

因此，当你处理日常事务时，应当认识到做每件事都不容易，如弗雷德·艾伦所言：“世界就像磨刀石，而生活便是那待磨的刀具。”喜剧演员路易·安德森也曾说过：“那些贪图安逸的人所说的话，没有什么是值得一听的。”

出生于美国的普拉格曼连高中都没有读完，却成了一位非常著名的小说家。在他的长篇小说授奖典礼上，有位记者问道：“你事业成功最关键的转折点是什么？”大家估计，他可能回答是童年时母亲的教育，或者少年时某个老师特别的栽培。然而出人意料的是，普拉格曼却回答说，是第二次世界大战期间在海军服役的那段生活。他这样介绍道：

“1944年8月一天午夜，我受了伤。舰长下令由一位海军下士驾一艘小船趁着夜色送身负重伤的我上岸治疗。很不幸，小船在那不勒斯海迷失了方向。那位掌舵的下士惊慌失措，想拔枪自杀。我劝告他说：‘你别开枪，虽然我们在危机四伏的黑暗中漂泊了四个多小时，孤立无援，而且我还在淌血……不过，我们还是要有耐心……’说实在的，尽管我在不停地劝告着那位下士，可连我自己都没有一点信心。但还没等我把话说完，突然前方岸上射向敌机的高射炮的爆炸火光闪亮了起来，这时我们才发现，小船离码头不到三海里。”

普拉格曼说：“那夜的经历一直留在我的心中，这个戏剧性的事件使我认识到，生活中有许多事被认为是不可更改、不可逆转、不可实现的，其实大多数时候，这只是我们的错觉，正是这些‘不可能’把我们的生命‘围’住了。一个人应该永远对生活抱有信心，永不失望。即使在最黑暗、最危险的时候，也要相信光明就在前方。”

二战后，普拉格曼立志成为一名作家。开始的时候，他接到过无数次的退稿，熟悉他的人也都说他没有这方面的天分。但每当普拉格曼想要放弃的时候，他就想起那戏剧性的一晚，于是他鼓起勇气，一次次突破生活中各种各样的“围城”，终于，他拥有了现在灿烂和辉煌的事业。

不管什么人，用什么方式来表达自己的观点，结论总是相同的：那些经历过磨难的人，比那些沉溺于安逸的人更易于成功；那些遭遇过艰难困苦的人，比那些生活在安乐窝里的人更有能力克服困难。

任何的不幸都会过去的，不论在什么情况下，都要心存乐观，预见到前面的光明前途，千万不可轻易灰心和放弃。

坚定信念是成功的首要因素

多年以来，我处于一种迷惘的状态，但是一次学习点醒了我。

教练对一位女士说：“你能不能做200个俯卧撑。”女士回答：“做不到。”“给你钱。”“也做不到。”“那么你听好了，”教练郑重地说：“现在我是一个强盗。如果你现在做不到200个俯卧撑，我就杀掉你儿子，想一想，想好了再回答。”女士想了一下，咬咬牙“能”。

我突然明白了，这么多年来，我一事无成，只是我缺少一个理由，一个成功的理由。由此开始，我走上了一条理性之路。朋友们，给自己一个成功的理由，你的路就会越走越宽。

[做一个精彩的自己]

生活只是一种形式，每个人都有自己不同的选择。但不知大家是否思考过，人生的意义究竟是什么?

每个人的出生和死亡都是相同的，赤裸裸地来，赤裸裸地去。唯一不同的只是一个过程。大多数人每天重复自己的生活：上班，吃饭，上班，吃饭，睡觉，上班……如此往复，365天等于1天。而这种循环一旦被打破，其生活就将陷入一个僵局。如此一个生活的过程，你满意吗?

人在这个社会上生活，我们只能和自己去比较。因为如果你和比尔·盖茨或李嘉诚比较，你肯定是一个失败着。而如果你一定要和那些非洲难民相比，那么你已经成功的不得了了。由此可见，一个人活着就是要做好你自己。每天进步一点点，哪怕是百分之一，你一年就会成长3.65倍。只要你不断进取，不断努力，不断地发挥你的潜能，你就一定能够活出一个最精彩的自己。

你知道吗？

有一个农村来的大学生，他非常内向。他始终搞不懂学生公寓里的声控灯是怎么亮的。但他又不好意思问别人，怕别人说他土里土气。一天，他下晚自习回宿舍去，一个人走在过道上，思考着一道难题忘了转弯，“碰”的一声撞到了头，灯亮了。他突然明白了：原来要用头撞灯才会亮的。

谁欺骗了他呢？他自己，他的无知和不敢求教欺骗了他。

很多人沉浸于自己的一些所谓经验当中，无法接受一些新的事物。其实你仔仔细细地想一下，如果你的那些所谓的经验真的管用，你今天该是一个什么境况呢？想一想是谁教给你的这些经验呢？你的父母，亲戚，朋友。可他们自己是不是成功了？没有。那他们能教会你什么。如果想得到些什么，就一定要向内行的人士请教。只有这样，你才能知道，该做些什么，为什么做，怎样才能做好。

[我要，我愿意]

每一个人都希望成功，而在这世界上，真正意义上的成功者却很少。为什么呢？

这个世界真的很公平，你要想得到一些东西，就必须舍去另一些东西。所谓“舍得”“舍得”，说的也就是先有舍后有得。如果你想成为一个成功者，你就必须放弃一些平凡人所拥有的快乐。比如说：打麻将，闲聊，看一些无聊的电视剧。而又必须承受一些平凡人不愿承受的痛苦。比如说：寂寞，孤独，不被人理解。这就是很多人不能成功的原因，不愿放弃快乐和承受痛苦。

具有强烈成功欲望的人，他们清楚地知道：只有成功，才能真正地解除他们的痛苦和满足他们所要的快乐，所以他们一定要成功。而他们更清楚地知道，在成功的道路上有些东西是必须放弃和承受的，所以他们愿意。

成功者之所以会成功，自然有着许多方面的原因。但其中很重要的原因就是，他们果断地认定：我要，我愿意！

你一无所有但 你也拥有一切

[嘴上说说的人生]

那年我在离家的时候一个劲地往自己的硬盘里塞《灌篮高手》，我妈一副嗤之以鼻的表情，似乎是在说："这么大的人了居然还这么喜欢看动漫。"

我不知道怎么回应她，只好耸耸肩。因为我实在无法对我亲爱的母亲说明这部动漫对我的意义。

你知道，有些歌、有些东西就是有那种力量。哪怕它在你的手机里藏了好几年，哪怕它早就过了黄金期，哪怕越来越少的人会提起它。你就是知道，当你一听到这首歌的时候，当你一看到那些漫画的时候，你就会想到以前的自己，你就会获得一种莫名的力量。这种力量能够让你感受到自己生命的节奏，让你以跟世界不同的方式独自运转着，你能听到自己。比如《butterfly》和《直到世界的尽头》，它们比记忆更可靠。

好像人一长大，就会把很多东西给弄丢了。比如那些简单却能让自己充实开心一整天的东西，比如让自己肆意哭和笑的能力，还有那些曾经一起结伴同行的人。最可怕的不是弄丢了这些东西，而是你变得心安理得。你开始安慰自己，这就是成长，这就是我们最终会变成的样子，你只是找了个借口继续这样的生活，对以前的自己嗤之以鼻。

只是每当你听到以前喜欢的歌曲的时候，或者你看到某个人在他自己的道路上坚持下去的时候，你都会像被自己扇了一个大嘴巴。

看着别人的努力羡慕一下然后转身回去过自己生活的你，又凭什么奢望得到自己想要的人生？

[努力！是为了给自己一个交代]

曾经跟好友为了商谈一个项目去北京，对方是一个标准的“80后”，北漂。这是他漂着的第三年，伴随着他一直没有改变的是那直来直往的性格。这是他第三年换的第三份工作，他一直没有安稳过。他说：“这些年我看到了很多人，有些人不用做什么就可以有很好的前程，有些人拼死拼活还是没有办法在这个城市里生存。”

其实所有漂泊的人，不过是为了有一天能够不再漂泊，能用自己的力量保护身后的家人和自己爱的人。你觉得最好的生活状态是什么？我觉得最好的生活状态莫过于：在你的青春时光傻傻地为了理想坚持过，最后回到平淡用现实的方式让自己生活下去。能实现梦想自然是最好，但没能实现自己的梦想也没有什么可惜的。成长的第一步就是接受这个世界的多样性，认识到现实的不美好，然后还是决定要坚持最初的理想。

小时候我总嚷嚷着，努力是为了改变世界。然而现在的我觉得，有些人努力只是为了变成一个普通人，有些人努力只是为了给自己一个交代，也许我们始终只是小人物，但这并不妨碍我们选择用什么样的方式活下去。那些在看透了生活的无奈之后，还是选择不敷衍、不抱怨、不自卑，依旧热爱生活，依旧努力做好身边的事的人，努力便是他们对自己的交代。

我有勇气做选择，自然要有能力承担后果。

[只有行动，才能解除你所有的不安]

你说你想要当自由撰稿人，可从不见你努力写稿；你说你想考研，可从不见你背单词做题。你看到“学霸”出没，于是嗤之以鼻说这样活着没意思，你看到有人旅行又不屑一顾地说这只是随大流。我开始怀疑你挂在嘴边的话是不是逃避现实的借口，我开始怀疑你是不是在一次次逃避和自我安慰中变得惴惴不安。

于是你慢慢屈服于自己的欲望。明明在几年以后能有更好的生活，却一定要在现在买最新款的包。每个人都想要达到一定的社会地位，似乎结果才是最重要的。然而，你有没有想过，你所谓的努力，是为了满足你的欲望还是真的追求上进？就像汪峰的歌里面唱的：“多少人走着却困在原地，多少人活着却如同死去。多少人爱着却好似分离，多少人笑着却满含泪滴。”

终于有一天，你发现你取得了当初想要的成绩，可是在那之后，却再也不知道怎么继续了。二十岁出头的时候，请把自己摆在二十岁出头的位置上。你没有理由也没能力去拥有一个四十岁的人拥有的阅历和财富。你除了手头的青春一无所有，但就是你手头这为数不多的东西，能决定你是一个怎么样的人。

我不知道这个世界上是不是真的有所谓的安全感，还是因为每个人都说自己没有安全感，所以你也觉得自己没有安全感。我对安全感的定义只有两个：一是别人给你的能量总有一天会消失的，只有自己给自己的能量最可靠，只有行动才会给你带来安全感；二是永远要记得，不管你是一个什么样的人，你都是你父母的安全感来源。

所以当你觉得不安的时候，请想一想身后的父母，想想他们正在为你打拼。请想一想自己的初衷，然后抬起头继续倔强地走下去。

唯有行动，才能解除你所有的不安。

[有梦想，不抱怨]

时间一天天过去，我们终会因我们的努力或堕落变得丰富或苍白。

有时间我就每天花两个小时读书，没时间就睡前读二十分钟书，周末的话可以看完整本书。论题一遍做不好我就做两遍，文稿要求我写一万字我就写将近两万字然后精选。写出一篇好文章是运气，如果一个人一直在写作的话，那就是靠努力。更多时候，世界对你的态度取决于你对世界的态度，没什么好抱怨的。

你现在一无所有，但你拥有一切，因为你还有不变的梦想。只要路是自己选的，就不怕走远，生活总会留点什么给对它抱有信心的人。

避开痛苦是生命的最佳选择

“不经历风雨，怎能见彩虹”，任何一种本领的获得都要经由痛苦的磨炼。最美好的东西需要经过最痛苦的孕育。

是啊，因为痛苦，所以珍惜；因为漫长，所以珍贵；因为忍受，所以美丽。其实，世间凡事皆有道，你若希望它绽放，就必然需要积蓄；你若希望它腾飞，就必然需要助跑。平心而论，谁也不希望自己的生命经常忍受折磨式的历练，哪怕它真的可以增加人的美丽。人总是向往平坦和安然的。然而，不幸的是，痛苦对生命的袭来，并不以人的主观愿望为依据，不论人们喜欢与否，它只管我行我素，甚至有时还要强加于人，谁奈它何？

避开痛苦是生命的最佳选择，一旦躲避不开，就让痛苦变作美丽人生的养分，此亦是生命的最佳选择。在磨难面前，我们应该用笑脸来迎接悲惨的厄运，用百倍的勇气应付一切不幸，把希望和探索把握得更紧，让磨难变成一把锉刀，磨砺你的思想，打造你的意志。根据美国哥伦比亚大学医学院与史塔桑管理研究中心的一项长达十年的联合研究发现：有痛苦经验，而且能从其中走出来的人，他们面对逆境的能力会提高。

不错，人总是希望平坦和安稳的，谁也不想要折磨式的历练。但是它却没有因此而消失，作为被动的承受者，又不想就此妥协，那么，就拿出你的勇气，化腐朽为神奇吧，人生将因此而走向美丽。

孩童时代，他相貌丑陋，患有严重的口吃。因为疾病，他左脸局部麻痹，嘴角畸形，一只耳朵失聪。他曾极度的自卑过，但他更有奋发图强的决心，他要自己“咬破”那些厚重的、令人窒息的“茧”！

别的孩子在玩具堆中度过快乐的童年时光，他则在茫茫书海中找到颠簸前行的舟；别的孩子嚼得香甜的是巧克力，他却把书读得津津有味；别的孩子疏远了他，他就在大人们的读物中找到促膝而谈的智者。更重要的是，他用书本上的知识磨砺了自己坚强的品质。

为了矫正口吃，他嘴里含着小石子练习讲话，他要证明：柔软的舌头比石子和口吃的顽疾更坚韧！母亲看到他的嘴巴和舌头被石子磨烂，流泪抱紧他：“不要练了，妈妈一辈子陪着你。”他拭去母亲的眼泪，平静地说：“我要做一只美丽的蝴蝶。”

他以优异的成绩中学毕业，赢得周围人的敬佩和尊重。母亲为他找到一份不错的工作，“希望你能像平常人一样平安地度过一生”。他拒绝了，语调铿锵地对母亲说：“妈妈，我要做一只美丽的蝴蝶。”

他挣脱身上束缚的茧，事业上颇有建树。1993年他参加总理竞选，对手居心叵测地利用电视广告夸张他的脸部缺陷，对他进行侮辱和攻击。他用讲话时总是歪向一边的嘴巴郑重承诺：“我要带领国家和人民成为一只美丽的蝴蝶。”以后这句竞选口号成为人们广为传诵的名言。

他就是加拿大第一位连任两届，被人们亲切地称为“蝴蝶总理”的让·克雷蒂安。

每一只美丽的蝴蝶都是自己冲破束缚它的茧之后才变美丽的。挣破禁锢的茧的蝴蝶是美丽的，克雷蒂安战胜了疾病、嘲讽和攻击的痛苦，最终放飞了生命中最美丽的“蝴蝶”。其实，命途多舛，我们经常被围困在命运之茧中：出身卑微，一文不名，屡遭苦难，屡战屡败……无论“茧”多么密集和厚重，我们都要用整个身心去穿越！

生命是属于你的，你应该根据自己的愿望去生活。要永远坚信这一点：一切都会变的，无论受多大痛苦，心情多么沉重，都要坚持住。太阳落了还会升起，不幸的日子总会有尽头，过去是这样，将来也是这样。当灾难将我们置于忍无可忍的痛苦深渊时，一定要磨炼意志，强化信念，形成一种压倒一切的心理力量。没有任何人的生活是十全十美的，但只要有坚定的决心，就没有超越不了的屏障，就没有抵达不了的彼岸。

把失败交给过去，而把成功留给自己

先来说个故事，从前，有一头老驴，一天它不小心掉到了一个废弃的陷阱里，很深，根本爬不上来。主人看它是头老驴，懒得去救它了，让它在那里自生自灭。那头驴一开始也放弃了求生的希望。

但是，每天还有人不断地往陷阱里面倒垃圾，按理说老驴应该很生气，应该天天去抱怨，自己掉到了陷阱里，它的主人不要它，就算死也不让它死得舒服点，每天还有那么多垃圾扔在它旁边。可是有一天，它决定改变它的人生态度，它每天都把垃圾踩到自己脚下，从垃圾中找到残羹来维持自己的生命，而不是被垃圾所淹没，终于有一天，它重新回到了地面上。

在我们的人生中，这样的情况也会经常出现，这个时候我觉得不要抱怨你的专业不好，不要抱怨你的学校不好，不要抱怨你住在破宿舍里，不要抱怨你没有一个好爸爸，不要抱怨你的工作差、工资少，不要抱怨你空怀一身绝技没人赏识你。现实有太多的不如意，就算生活给你的是垃圾，你同样能把垃圾踩在脚底下，登上世界之巅。

这个世界只在乎你是否达到了一定的高度，而不在乎你是踩在巨人的肩膀上上去的，还是踩在垃圾上上去的，踩在垃圾上上去的人更值得尊重。永远没有失败，永远不要说失败，只要你能超越它，成功就在前面等着你。

莎士比亚曾在一部戏剧中写道："希望往往会落空，并且在最有希望之时。"

的确，每每在我们为一步步的前进而欣慰，在我们为不久后的成功而暗自庆幸之时，失败就突然降临。这时我们会很苦闷，觉得自己一无是处，甚至自暴自弃。但是我们忘了，没有一条通向成功的道路是平坦的，它必然是迂回曲折的。而在这道路上的失败不是拦路虎，而是磨炼意志的磨刀石。

有人说，当命运将你抛进了失败的低谷时，也给了你向上攀登的藤条，而问题在于你能不能将藤条抓住。

每个人的性格不同，对同一事物的感觉和态度也各不相同。身处在同一环境之中，有人全身不自在，有人却如鱼得水，悠游自在。那么当你面对困境的时候，是抱怨叹息还是慢慢使自己适应环境呢？当然应该选择后者。

曾经有这样一部电视剧，剧中的主人公是一位出身文人家庭的公子。他的老师每天让他读《论语》《诗经》等一些大家之作，他觉得十分厌烦。

一天，他的老师问他："你是不是觉得这些书枯燥乏味，充满说教意味，甚至有些篇章让人根本无法理解？"

这位公子回答说："弟子的确是这样认为的。"

"那你可曾留意到书中也不乏令人感动的故事，还有很多警醒人的词句呢？为师不只是在教你做学问，更重要的是在教你如何做人啊！"

听了老师的话后，公子开始静下心来细细品味每篇文章。一段时间之后，他发现书中发人深省的语句不胜枚举。从此这位公子改变了以往的观点，学到了"寻找乐趣的艺术"。不但在读书时津津有味，在日常生活中也变得开朗起来。无论他面对什么样的环境，都能以笑脸应对。

如果你能用这位公子的方法和态度处世的话，就可使人生整个蜕变，打造出全新的人生观，从而使你的生活充满乐趣和希望。并且用这种寻找乐趣的方法，能使你很快适应环境，接受环境，融入环境，从而使你重整旗鼓，振作精神，发挥主观能动性，创造更好的明天。

所以说，有一个很强的适应环境的能力是很重要的。尽快地适应环境，你就有更多的时间和机会去赢得成功。真正地懂得适应环境的意义，你就能改变你的人生，使自己活得更出色。

所有的成就都是历史，而所有的失败也属于过去，而不属于现在的我们。此刻的我们孑然一身，所以我们没有任何理由退缩，没有任何理由放弃，因为我们一无所有。我们只有勇敢地爬起来，继续前进。跌进失败之谷时，不要祈求上帝的怜悯，也不要希望真主的赐福。能够帮助你的，就是自己站起来，抓住那可以通向成功的藤条，去前进。把失败交给过去，而把成功留给自己。

生命，因你心态的改变而精彩

有这样一段对话：

老和尚问小和尚：如果你跨前一步是死，退后一步是亡，怎么办？

小和尚毫不犹豫地说：往旁边去。

路并非只能向前向后，当进退两难时，要换一个角度，换一种活法。

有这样一个故事：

一片还很青翠很靓丽的树叶，一阵狂风中，被无情吹落，可怜地飘向地面……

难道就这样过早结束生命，化为淤泥？树叶在飘落中痛苦挣扎着，思考着，抗争着，借助着风，努力飞舞，寻找延续生命的机会。

终于，停在一位少女的脚下，被少女捡起。少女以欣赏、怜爱之心，将树叶制成美丽的书签。树叶保全了生命的脉络，从此与文字相伴，和墨香相依，生命得以重生。

生命有多种方式，当遭遇灾难时，要换一个角度，换一种活法。

有这样一个人物：

世界级文学大师、现代派文学的开山鼻祖卡夫卡，从小性格孤僻，缄默寡言，懦弱胆怯，多愁善感，总喜欢一个人躲在角落里发呆。父亲对他很不满意，后来对他完全失去信心，索性不再管他任他自生自灭。父亲的眼里，他是一个彻头彻尾的懦夫，一个毫无前途可言的可怜虫。但卡夫卡在父亲一次次的伤害中，学会了察言观色，学会了接受和忍耐，也体会到生活的痛苦与无奈。更令人震惊的是，因一次偶然的机会，他走上了文学创作的道路，把对生活的敏感、怯懦的性格，孤僻忧郁的气质，难以排遣的孤独和危机感，无法克服的荒诞和恐惧，融入小说之中，形成其独特绚丽的风格，成为那个时代资本主义社会的精神写照。《变形记》《判决》《城堡》等作品享誉全球，经久不衰，成为奥地利最负盛名的作家。卡夫卡的成功告诉人们，有些东西无法改变，比如，性格、容貌、高矮等，对于这些与生俱来的缺陷，没有必要去改变它，更不要为此烦恼和自卑。每个人都有自己的优点，但也都有自己的缺陷，与其埋怨上天对自己的不公，不如去寻找一片适合自己生长的土地。

生命各有各的精彩，当劣势已无法改变，要换一个角度，换一种活法。

有无数现实的例子：

似乎是生活的弱者，经历生活艰辛，高考落第，就业被拒，处处碰壁的一系列失败后，终于另辟蹊径，成为生活中的强者，获得人生的胜利，绽放生命的美丽。

生活的道路很多，当前面的路走不通时要懂得拐弯，换一个角度，换一种活法。

岁月荏苒，人生不完满是常态，而圆满则是非常态。面对挫折，只要换个角度去思考，去观察，就会发现，生活所展现的并不是通常感觉的那么阴霾漫天，那么没有希望。只要眼睛能越过障碍，心能放下痛苦，开阔视野，转变观念，改变生活方式，再悲惨的生活也会峰回路转，再痛苦的人生也会柳暗花明。生命，也将因改变而精彩！

不沉溺失败，不畏惧成功

从小到大，我们被教育着：“我们要如何，我们不能如何，如果我们没有按照对的路去走，那我们注定要失败。”这是前辈们帮我们总结的所谓成功学，前辈们用这个理论来鞭策着我们的成长。

曾几何时，我也是在这样的环境中走出来的，学校的老师告诉我们，要认真学习，要按时上课，要有理想，要听老师和家长的话，这样我们就可以幸福了，就可以成功了。站在当下回望过去，还记得起十几年前高中老师在讲台上的苦口婆心，还记得初中老师因为我调皮而罚我扫雪、让我罚站，他们都是想让多年后的我们能够成功，能够幸福。

但，我们很深切地感受到幸福了吗？好像没有，反而是越来越多的人感觉到的是：我不够幸福。中央电视台曾经做了一期路边访谈节目，找了一位大爷，问他幸福么。大爷说：“我不姓福，我姓曾！”

其实，在我看来，是否能够成功和幸福，不在于你做对了人生中的多少件事情，而是在于人生中你多少次从自己的失败中站了起来。

2004年，我大学本科毕业，在父母的百般劝说下，我还是不想考研究生。我认为社会这么大，我想去拼拼，我有一腔热血，我有满腔激情，社会能奈我何！找了工作，问了工资，我才发现，我是错的，如此多的热血和激情才值一个月1800块钱，连纳税都轮不到你。爸妈着急，我也上火，但郁闷的情绪没能持续太长时间，我告诉爸妈，我要辞职，考明年的研究生。爸妈非常紧张，告诉我一定要慎重决定，如果没考上，那你就很难再找到工作了。我明白爸妈的担心，也知道自己孤注一掷的决定，但不认清自己当下的失败，不毅然决然的走出来，不突破那些所谓的担心，我何以在三年之后能够笑得更开心呢。

2010年，我遇到职业道路上的第一次失败，由于不注意自我管理和向领导提前请示，我被公司执行了二级处罚。那时的桀骜不驯最终让我吃下苦果，苦果的背后是阳光下的你们永远无法领悟的黑暗。因为这个二级处罚，我在接下来的5年间在职业发展上历尽磨难，因为有二级处罚记录，我错过了几次升级的机会，我几乎错过了对我职业发展非常重要的调岗机会。我也错过了出现在公司20年20人20事的辉煌历史中的机会。爸爸告诉我，做人要低调，伤口只要在角落里自己去舔就好，不要拿出来让别人去嘲笑。但我觉得，我已经走出这个失败，我可以对昨天的我勇敢地说：失败不可怕，站不起来才是可怕的。

我积极面对，也因为这次职业道路上的失败，我第一次思考自己的社交技巧有问题，让我深思很久，持续改善。我也找到了来自心底的声音，把自己领向自己适合的职业方向，也因此认识了更广阔的世界。我也因此有了不断思考和不断总结的习惯，与公司宣传部的合作非常默契，虽然很遗憾的没有评选20年20人20事的机会，但却荣幸地被筹办组邀请提出意见，给出评论，并在珍贵的画册上留下了我的名字。

人生，并不是由一次又一次的成功组成的，否则，你也体会不到失败之后再成功的那种深深的喜悦。对生活的领悟，对成功的渴望，对平平淡淡的理解，对人生的憧憬，对幸福的定义，都会因为你走出阴影之后的视角而变得普通而深刻。

这段文字，是因为我看到了许多比我还要坚强的朋友，他们毅然决然的在崎岖的道路上走过，他们的笑容是那样的欣慰，现在对幸福的理解是如此的深刻，才让我有了写这篇文字的冲动。

勇敢一点，走出失败，才是成功之上的成功。

守护那颗
最真诚的心

所谓护心镜，不只护己，更护住了那些我们所爱的人。

[1]

在去日本的飞机上偶遇了一对夫妇。他们坐在我身边，旅途很长，但那一路我都无法安眠。因为他们一直在争吵——确切地说，只有那位太太在喋喋不休。

我听了半天终于明白了个大概：出门的时候先生把钥匙给了家里的钟点工人，请她定期去打扫。太太知道以后就非常愤怒，一直在教训先生，说他丝毫没有防范意识。如果那位工人趁他们旅行的时候搬空家里财产该怎么办？如果工人把外人带到家里来过夜该怎么办？他这样做存心是让自己一路都不安心，自己怎么会跟这样的人过了一辈子……太太语速很快，声音洪亮，重复着几乎一样的话，且丝毫不显疲惫。

我起初听得有趣，后来便心生烦躁，最后干脆拿耳塞塞住耳朵，却依然有她的声音断断续续传进来，让人几乎忍无可忍。

然而奇妙的是，那位被骂的对象却始终悠然地靠在椅背上一言不发，偶尔喝杯水，甚至顺手为太太倒上一杯为她润喉——简直是恶劣的纵容。

趁她去上卫生间，总算可以“中场休息”。我实在按捺不住，摘下耳塞，向先生问出自己的困惑。

“不好意思，也许这是你们的事情，但……为什么您可以忍耐那么久的指责都不回应一声呢？”“不好意思的应该是我们，真的打扰了。”先生颔首致歉。“但是如果我回应了，她会更加生气。唯有沉默，是阻止一切变得更坏的唯一办法。”“沉默并不能解决问题。”“但沉默起码不会激化问题，并可以缓解问题——其实这个世界上并没有能够完全解决的问题，能够缓解，已是不易。”我很好奇他对于沉默的看法：“沉默对于您来说，是武器吗？”先生微微沉吟：“不，它是防御，是‘护心镜’。”

“为什么？”

“它护住我的心不受伤害，这样永不致命，在我可以承受的范围内。然而，它也不比盔甲那么坚硬，不会反弹那些接近我心的人。他们对我很重要，我不忍心让他们受伤。”

[2]

另外一个故事发生在巴伐利亚。那年四月我一个人旅行到班贝格，正是草长莺飞的季节，小镇上有一间小别墅吸引了我的注意力。别墅并不大，但是外墙上爬满了盛开的白蔷薇，非常美丽。一位满头银发的老人正站在梯子上，认真修剪着蔷薇的枝叶。这时他身边的一扇窗子忽然打开了，一位老妇人探出头来。与这风景不太和谐的是，她表情焦躁，语速奇快地冲老人大吼大叫着，虽然说的是德语我听不太懂，但还是可以感受到她的强烈不满。站在梯子上的老人聆听着老妇人的吵闹，手下却未变，依然慢慢地修剪着枝叶，保持着优雅的沉默。直到吵闹完毕，他也停了停。忽然，他剪下了一朵身边开得最盛的白蔷薇，然后露出一个微笑，顺手拈起它递向了窗口的老妇人。那天下午的阳光很好，暖融融地晒在身上。然而那一刻老妇人脸上突如其来绽放的笑容，却比整个巴伐利亚州全部的阳光总和还要灿烂。那是我见过最动人的沉默，每一次回忆起来，还带着白蔷薇的淡淡芳香。沉默可以应对一切，带着微笑与爱的沉默则更胜一筹，在应对的基础上，它可以治愈一切。

[3]

优质的沉默是一场漂亮的太极，给自己冷静思索的时间，同时将问题抛回给提问者，不失风度，以柔克刚。“祸从口出”和“说多错多”并不是危言耸听。在某种意义上，保持缄默的确是一种低调的品德。

在我刚刚毕业，开始工作的时候，公司常常开会。我和另外几个新来的实习生总是会议上最踊跃的几个，积极发言，若是一时轮不上自己开口还急得要命，趁对方喘息的时间赶紧插进去大声阐述自己的观点。

领导自然是肯定的，笑着说年轻人有斗志有激情啊，有新的想法是好事，要鼓励要支持。老同事也连声称是，说我们老了跟不上时代了，土埋半截了，你们一定要有话直说，这样可以改进我们的工作，促进集体的进步。于是我们也颇为沾沾自喜，觉得浑身充满了使命感与荣耀感，更加卖力地发光发热。

戳破美好理想的转折点发生在转正时——我们几个人居然统统都没有通过转正，反倒是那个平时沉默寡言的男生居然全票通过。我们又惊讶又不服，集体找到人事部，无果。

最后只好灰溜溜地走了，落下身后一个巨大的问号。

后来工作的时间久了，常常反省自身，也就渐渐揣摩出了一些当初失败的原因。

领导并不一定喜欢多话的人。多话意味着冒失、张扬、不稳妥。在没有深思熟虑后就贸然讲出的观点，绝大多数并不能有力地说服他人，自然更无法让领导采纳。“不予采纳”的次数多了，消耗了发言者的“信用度”，这位员工也就成了领导潜意识里的“失信人”，离“失宠”也就不远了。

同事也不喜欢多话的人，在他们看来，多话意味着出风头、抢业务，可能威胁自己擅长的领域。如果再有触及实际利益的方面，隐藏的敌对情绪就一触即发。

说者无意，听者有心，不是每一句话都会激起矛盾，但职场中说错的话往往成为危险的伏笔，不知在什么时候被拎出来，放大、演绎，进而变成致命伤。在一个相对复杂的大环境中，遇见棘手问题时，“万言万当不如一默”，它适用于所有不善于人际交往的人——不会说话没关系，不说话总会吧？

他人之事不容置喙，观棋不语方为君子。

当然，不多话不等于不说话，更不是自扫门前雪。而是要谋定而后动，三思而后行，考虑周全后再行开口，每一句都是画龙点睛，才能让自己的每一次开口都变得有价值。

[4]

今年公司又招了几个实习生，开会时他们叽叽喳喳异常兴奋，每个人都摩拳擦掌准备在会议上展示一番。我看着他们年轻朝气、争论不休的模样，忍不住微笑。

一个小女生看到了，好奇地凑过来问我在笑什么。

我笑着摇了摇头。

我是不会对他们讲护心镜的故事的。

因为，人总要亲自把心捧出来，枪林弹雨、风霜雨雪，走上一遭。待到千疮百孔时才知道疼痛难忍，才懂得生活艰辛，才会主动去寻找那一面护人护己的护心镜。

当你终于沉默，成熟才刚刚开始。

人生长路漫漫，我们不可能每一步都走得那么完美

风景再美，若没人一起欣赏，也会有种莫名的忧伤。再好的生活，若没人一起分享，也会有种莫名的凄凉。再坏的处境，若有人陪伴，也会有莫名的感动。再苦的日子，若有人相伴，也会有莫名的幸福！幸福，不是锦衣玉食，腰缠万贯，不是荣华富贵，不是开好车，住别墅！幸福是哭的时候有人疼，累的时候有人靠，是每一个小小的愿望有人给你实现。是拥有一个爱自己懂自己的人，不管他有多少，总是把最好最多的留给你。幸福就是和爱的人在一起，不用唯美浪漫，不用惊天动地。就是左手牵右手，不离不弃，不变不移！

夜，柔美静谧，风也静静地安然一隅，沉沉睡去。倚窗凝望，任思念沿指尖开出一朵朵生香的文字，萦绕你每一个温馨的梦里。想你，牵挂是心底无须刻意的主题，每一个相拥的片断，已镂刻于生命的每一个瞬间，轻扬的唇角，依然回旋你清恬的气息。念你，快乐已融入每一次深情的呼唤里，寄一枚香笺与你，写满我柔柔的相思，那个只属于你的名字，念起便是最甜蜜的爱语，轻盈的脚步，飞舞着幸福的旋律，来自心底的爱恋与疼惜，是我此生永不褪色的记忆。爱你，放飞缤纷的思绪，同迎每一帘月色与晨曦，前世未尽的情缘，今生我们携手共续。爱的絮语，穿越时空的距离，妖娆的心事妩媚了夜的清寂。

你唯美的词句，如一溪潺潺的碧水，滋润出一瓣瓣绝世的娇婉，潋滟了一湖微漾的涟漪。我溢香的文字，若流岚轻絮，缠绕你淡淡的发香，抚平你轻

蹙的眉宇。就这样暖暖相依，任流年似水，不倦不息；就这样慢慢老去，共青丝白首，相偎不离。

简单的生活让人轻松快乐，简单的欲望让人平和宁静。因为简单，才深悟生命之轻，轻若飞花，轻似落霞，轻如雨丝。因为简单，才洞悉心灵之静，静若夜空，静似幽谷，静如小溪。一切的简单都蕴涵着淡泊宁静的真实。生活就是这样的简单，亲情、爱情、友情编织在一起组成的一幅幅的幸福画卷。

生活给予每个人的内容都是一样的，就像一张白色的画布，任由你用丰富的色彩描绘。如果你对生活充满信心，画出的就是晴朗天空；反之，得到的就是一幅乌云满天，阴雨绵绵的画卷。这就是生活对我们的奖惩。不要埋怨自己的生活，人生所有的一切皆有因果。境随心转，相由心生。善待生活，就是善待自己。

人生的道路，无论是崎岖或平坦，都要靠自己去走。人生的滋味，哪怕是酸甜或苦辣，也要靠自己去品。人生的命运，无论是幸运或多舛，都要坚韧精进。人生的历程，波折坎坷可以感悟世间冷暖艰辛。尝遍酸甜苦辣，才识世间万象，笑而无言，不过如此。

坐在季节的杯盏里，听陌上冷风，曼舞寒冬。一杯热茶，慢慢品，慢慢香，慢慢暖。一曲清音，缓缓放，缓缓听，缓缓醉。折一笔，展一卷，绘一幅心愿，落幕窗前，叠一襟丰盈，横斜一纸，人生冷暖片段，阙阙章章，写尽俗世浅欢。片片断断，记录红尘缱绻，抿一抹浅笑，明媚季节。捻一指端然，领悟岁月。时间煮雨，落入流年，风中的故事，云中的忧伤，已被流年风干，那些，经过的、路过的、哭过的、笑过的，已撕碎成片，挥手成烟。任岁月的脚步，渐行渐远，一支瘦笔，写满人生清欢，一笺宣纸，墨染红尘爱恋。

笑了才知道互相牵挂是帆，累了才知道互相思念是船，痛了才知道互相问候是风，倦了才知道互相祝福好暖。朋友，愿我的问候与祝福，温暖你生命中的每一个日月，愿我默默的祈祷，陪伴你快乐的每一个瞬间。

生命中，总有一些事，明明知道是错误的，却一直坚持着；明明清楚是不好的，却一直守护着。说不清的，是人；想不通的，还是人。或许，人生就是这样，一半糊涂，一半清醒，有时糊涂，有时清醒。什么时候，放下随意，放弃如意，或许，也是一种快乐，一种幸福。

有的路，是用脚去走；有的路，要用心去走。绊住脚的，往往不是荆棘石头，而是心。所以，看起来是路铺展在我们眼前，实际上，是心扑腾在路上。深一脚，浅一脚，欢喜在路上，悲伤在路上。但只要心不走在绝路上，生活也终不会给你绝路走。

人生长路漫漫，我们不可能每一步都走得那么完美，摔上几跤，走几段弯路，这并非坏事，至少让我们品尝了挫败，增添了阅历，让我们的人生多姿多彩。或许走过终点时我们才明白，一路平坦却少了风景，没有转折也多了平淡。只要经历了，尝试了，走过了，我们赢得的就是一个全新的自己！

岁月就像一条河，左岸是无法忘却的回忆，右岸是值得把握的青春年华，中间飞快流淌的，是隐隐的伤感。世间有许多美好的东西，但真正属于自己的却并不多。看庭前花开花落，荣辱不惊，望天上云卷云舒，去留无意。在这个纷扰的世界里，能够学会用一颗平常的心去对待周围的一切，也是一种境界！

垂一片紫色的面纱，美丽若隐若现，紫色如梦亦如花，有着摄人心魂的美丽。喜欢紫色，是那种自然的来自心底的喜欢。浅浅的紫，淡雅清新而不失妩媚，让人心动。深深的紫，沉静忧郁而不失高贵，让人无不相思。紫色永远是那么温馨与浪漫，永远充满着诗情画意。几分清雅，几分妩媚，几分羞涩，几分浪漫而赋有爱的诗意。

最宽的天空来自心底的辽阔

人生就像是一条趟不完的河，生活其实也很简单，喜欢的就争取，得到的就珍惜，失去了就忘记。听花开的声音，观叶绽的曼妙。用烦恼的心看世界，你会无路可逃；用轻松的眼看世界，你会发现这个世界处处都是突然的美好。最宽的天空来自心底的辽阔。

人生，就是一步一步走，一点一点扔，所有的事物，都要有一个过程；所有的经历，都是一种懂得；所有的过往，都是岁月的一种恩赐。

落红深处有冷暖；世事沧桑也寻常。半盏清茶，观浮沉人生；一颗静心，看清凉世界。

有些事不愿发生，却不得不接受；有些人不可失去，却不得不放手。有时候，我们等的不是什么人、什么事，我们等的是时间，等时间让自己改变。

一直认为，花开多少，果实就会结出多少。后来发现并不是这样，花开得再多，到花事谢灭之后，不结一个果实的树也不在少数。

花的职责在于开到荼蘼，至于果实这回事，当是果子自己的事。终究是每一个果实里，都结出了一个不平凡的故事。

命运如溪，峰回路转，九曲连环。少了转折，也淡了浪花的激越；多了磨难，也浓了人生的亮色。

命运是可以蔑视的，蔑视一切的挫折与困苦；命运是可以忍受的，忍受所有的无奈与辛酸；命运是可以奋争的，我们没有办法选择起点，却能在征服中拔高命运的终点。

静水，不过是本然、自由的生命常态，存活于自然中。俭以养德，静以修身。

于我们凡夫俗子来说，那是一种心灵上的修为，一种美好的生活态度。

静了，便如水一样自然地流向深处。而静又如同成功，不是随随便便可以做到的。

万象由心生，喜怒由心定。

不念于情，不困于心，心无挂碍，惬意悠然。世间万物皆是由心而起，由心而灭。如空花水月，虚实难分、真假难辨。

不计较得失，不贪恋尘缘，不痴迷情爱。随心、随意、随缘。心简如素、如烟、如云，才能无痛、无殇、无恨。

最宽的天空来自心底的辽阔，一切都是浮云。快乐从你想得开，开始……

积极的心态能带来巨大的改变

生活中那些曾经纠缠的事物，总会去那了无踪迹的去处，这眼前的纷纷扰扰，提醒着一个人内心的观照与思考，再多的喧嚣和热闹，到头来也都化作朴素与简单。

谁的生活也活不出一帆风顺，每个人的内心总有许多高低落差，生命的意义就在于珍惜路过的风景，感谢这一路相逢，就算对生活一份感谢，也要拿出一种温暖的态度，就算对得起自己越来越好看的颜值。为生活道一句祝福，所有的挫折何尝不是生命走向光明的转折点。

生活总有些这样那样的烦恼，调整好心态，坦然地面对，而不是用那些伤痛和牢骚让生活活得更糟，甚至是叽叽歪歪的叹息，要活出宽阔的视野，既然能看见浮云，那何尝不能看看晴天，就算有那么几次跌倒，不妨休息一会，凝聚新的力量，走向下一段新旅程。

面对生活的困惑，需要看得透，活出生活的洒脱，不要被生活的挫折，活成沉重的人生，包括纠缠和辛酸。相信生活中的那些纷扰一切都会过去，都会成为生命故事中的云淡风轻。

生活需要用一些积极的心态去发现和改变，而不是让那些负面情绪导致生活的纠结和迷惑。生活的悲观和乐观，都源于自我的内心对生活的认识与信心，面对这宽宽的世界，不要误解这面前的生活。

再多的艰辛也不是人生的所有，经历着人间的事和物，不过是生命的丰富多彩和厚重程度。人生如逆旅，听得进人劝，心地多几分宽，也算不辜负自己吃过那么多的饭，做一个理解生活的人，就算口袋里钱少，总不能缺乏活着的动力和勇气。

面对这世间的纷繁，活的出包容，经得起委屈。烦恼最大的特征就是最大限度地干扰生活的思考与选择，同时也历练着一个人的气度和包容。不是要求生活改变什么，而是需要弥补自己生活态度中的缺陷，活出并创造崭新的人生。

生活中的那些烦烦恼恼也都是生活中的点缀，不过是冲击了自己的成见和固执，冲突了自己的思维与眼界。这百味人生本来就是妙趣横生。同样是窗前听雨，有的人看作风景，有的人活成伤心，做一个生活的快乐者，而不是压抑者。

深刻的理解那句老话，叫此一时彼一时，曾经的故事已然荡然无存，何苦再去保留那些沉重的成见和纠缠。时光会把人生带向更远的地方，却从来不会回避人生旅途中的深一脚浅一脚，风雨要来，庄稼要收，心地要平，有钱就花。这日子的情节如何排列组合——平静友好，温暖大方。

人不能选择命运，却可以选择自己生命的道路

一个人能否成为优秀的人，基本上是可以自己做主的，能否在社会上获得成功，则在相当程度上要靠运气。所以，应该把成功看作优秀的副产品，不妨在优秀的基础上争取它，得到了最好，得不到也没什么。

任何人的一生都是一趟旅行，沿途有无数的坎坷和泥泞。如果我们的眼睛总是被灰色所蒙蔽，心灵总是被灰暗的风尘所覆盖，那么，人生轨迹怎能美好?

也许，现在的你正为了自己的理想，远在他乡默默奋斗，漂泊是你生活的常态，每每别人正和家人团圆的时候，你只能拿着电话，在电话这头告诉爸爸妈妈你一切都好，却抑制不住孤单的泪水，在挂掉电话之后，任凭这大城市的寂寞风吹干它。很多次委屈之后，你也曾收拾好自己的行李打算坐上回家的列车，但是你没有，因为年轻的梦想还在，因为曾经的付出你不能放弃，所以，你留了下来，为了梦想继续努力。

漂泊是一种状态，一种煎熬，一种无依无靠的孤独，但更是一种锤炼。在成长的轨迹上，谁又能说漂泊不是一种资本呢?

因为历经漂泊，所以我们更加珍惜幸福，更懂得爱。因为历经漂泊，所以我们更加坚强，更懂得担当。苦难是残酷的，但是如果没有在苦难中磨砺，我们根本不会拥有在大灾难、大考验面前坚毅的目光。

因电视剧《士兵突击》而走红的演员王宝强就是一个例子。他是草根出

身，是“80后”青年奋斗的代表。他1984年出生于河北农村，因为一个“电影梦”，8岁开始到少林寺习武，14岁便到北京闯天下，成了北漂一族。

他在京城当农民工，睡过十几个人一起的大通铺，为了能够跟演员梦沾上边，他去做了群众演员，而且大多数时候根本就不会露脸，当别人假装摔倒的时候他为了表演真实就真摔，也正是这股执着劲让他获得了更多的出演群众演员的机会。北漂的日子比想象的还要艰难，尤其是对于他这样一个没钱、没学历、没相貌的农村娃来说更是难上加难，有时候他挣不到钱只能靠吃冷馒头过活。命运根本没有更多照顾他，但是他还是靠着自己的坚韧，咬着牙走过了那段最艰难的日子，并最终苦尽甘来。

他被导演李扬选中，凭借电影《盲井》获得法国第五届杜威尔电影节“最佳男主演奖”，还获得第四十届台湾金马奖“最佳新人奖”以及第二届曼谷国际电影节“最佳男演员奖”。他的星途从此打开。从《天下无贼》中土得掉渣的傻根，到《暗算》中天赋异能的阿炳，再到《士兵突击》中不断蜕变升华的许三多。王宝强，一个典型的小人物，一个普普通通的农家子弟，走进了演艺圈，被诸多大导演青睐，成为感动无数青年的心中偶像，当选“‘80后’十大影响力人物”之首。

曾担任过联合国秘书长的瑞典政治家哈马舍尔德曾说：“我们无从选择命运的框架，但我们放进去的东西是我们自己的。”人不能选择命运，却可以选择自己生命的道路。虽然会面临苦难和漂泊，但是我们依旧可以坚强地挺过来，成就我们自己的人生。也正是因为这些苦难的折磨，我们才更加经得起考验。

成龙小时候离开父母进入戏校练功，那里的生活无比枯燥，不但要苦练功夫，还要时常挨打，但这才为他日后将中国武术搬上世界的舞台创造了可能。梁朝伟从小就家境贫困，单亲家庭使他过早地背上了生活的重担，最困难的时候他只能吃酱油拌饭，中学毕业后没钱念书只好去当服务员，也是这些经历让梁朝伟更加努力，更加懂得珍惜，最终成为“影帝”。周润发出身贫民窟，在酒店打杂、搬行李、卖报纸，几乎样样都做过，所以，在日后饰演闯荡江湖的大侠时自然多了一些生活的体会……其实生活中经受苦难和漂泊的不止你我，经得住折磨、苦难，这就是人生的一种磨砺，是走向成功的资本，而经不起苦难的人就只能成为命运的不幸儿。

世界的颜色由我们自己决定，智慧之人会擦亮自己的眼睛，当我们的心境修炼得像高僧一样风雨不惊时，我们便能领略人生路上的亮丽风景！

你给我一次拔刀相助，我就许你一个盛世太平

[1]

很多年前，我还很年轻。

有一天，我同宿舍的同学急急忙忙跑回来求助，他同学车祸失血过多，急需输血，我们去了六七个同学，就我的血型和他匹配。先输了一次，不行，又输了一次。那时候，我的身体超好，喝了几杯红糖水就参加训练去了。这事就这么过去了，我都不记得他同学长什么样子。

大约十年后，我回老家处理牧场的事情，居然有个陌生的人拦我在半路上，非得请我吃饭，还说我是他的恩人。那天晚上，喝了一场大酒，所有陌生的人都把我当恩人一样供着，我经过他的演绎，就像英雄一样。

更让我感动的事情在后面，当知道我是回来处理牧场的事情，所有人的眼里都泛着泪光，用手指着他说：只为报恩，他用十年的时间守着你的草原。

第二天，我看到的是，周围荒芜，只有我的牧场草长莺飞，芳草迷离，一派繁荣景象。我瞬间就泪奔了。

感动的是他给予我的善良，已经辽阔成草原的模样。

[2]

看一位大师的自传，讲了他一段“文革”的经历。

他说，幸好遇见一个狱头。每次提审的时候，最凶恶的他总是粗心大意地丢下一些东西，譬如报纸的一角，半个馒头，有一次居然丢下了一小片止痛药，最“离奇”的是一个凶神恶煞的大老爷们，居然在审讯他的时候丢下了一朵野菊花。

大师每次在觉得绝望的时候，也是这些不经意的小东西给了他希望，他坚信春天快来了。果然，春天真的来了，他的冤屈得到平反。

后来，大师用他的方式，资助了狱头的儿子上了大学，成了自己的学生。大师也从来没有说破这个秘密，只是从狱头的儿子那里，时不时问一下他父亲的近况，他们就这样默默地关注着对方。狱头去世后，大师让他的学生也是那人的儿子，帮忙送了一个花圈，学生征求大师挽联写什么？

大师沉吟了一会嘱咐道：一名狱友。

看到这段文字的时候，感到特别的温暖。仿佛我的眼前也是漫山遍野的野菊花，那种感觉特别幸福，清欢渐远，浅笑安然。

[3]

伊泰老总张双旺，年轻时候考上大学，却因为学费筹措不够，差点辍学。后来父亲向本村的一位家境稍好的人借了十块钱送双旺入学。

隔了几年，借钱那人因病去世，留下了还未出生的一个男孩。借钱这事其实只有三个人知道：张双旺的父亲，张双旺和那位慷慨解囊的恩人。

谁知道，三十年后，已经当了伊泰老总的张双旺，仍然念念不忘那位恩人，四处打听恩人家属的下落，帮助恩人的子女安排了工作。

我听到这样的故事，心还是被柔软地碰了一下，凭空对张双旺和他的公司充满了敬意。这就是善良。

[4]

100多年前英国的一个乡村里，一位贫困的农民救了一名落水少年。落水少年原来是老贵族的儿子，老贵族亲自带着礼物登门感谢，农民却婉拒了这份厚礼。

故事到这儿并没有结束。老贵族因为感念农民的恩德，决定资助农民的儿子到伦敦去接受高等教育。

多年后，农民的儿子从伦敦圣玛丽医学院毕业了。他品学兼优，获得了1945年的诺贝尔医学奖，他就是亚历山大·弗莱明，青霉素的发明者。

故事还没有结束，那名贵族公子也长大了，在第二次世界大战期间患上了严重的肺炎，但幸运的是，依靠青霉素，他很快就痊愈了。这名贵族公子叫丘吉尔，是英国的首相。

善良原来是有续集的，像纳米一样会发生连锁反应，成就了伟人，也成就了伟大的事业。

这就是善报！

前人栽树后人乘凉。这前后之间一直连接的就是一颗向善的心。

[5]

做一个善良的人，善良如雪莲，圣洁高雅。善良像阳光，温暖明媚，成为人生最温暖的底色。善良是可以传递的，溪流一样漫过田野和山谷，荡涤生命的尘埃。

善良是可以延续的，绵延成心的路标，指引你的走向，安放你的灵魂，温暖自己，芬芳他人。

种善因，得善果，从花开到结果，隔着的只是等待，善有善报，永不过期。

种下善良，总会有秋收的季节；种下美好，总会有幸福的回报。善有善报，即是故事的开始，也是故事的结局。

一个善良的人，会蔚蓝成海；一个善念，会辽阔成整片草原。

你的拥抱，成为他人的笑脸，他的豁达，可能就会照亮一个无助的人，原谅和抱歉都是续集里的故事。

而当下，我们只需要播种善良，传递一缕温暖，让心中灿烂成海，互相取暖，度过黎明前最黑暗的时光。

岁月清浅，人生无恙，这才是极致的美好。怀揣一颗感念的心，让生命不再空白，让风雨不再惆怅，对我笑着的，说不定就是扶了我一把的人。我为什么不向您伸出相握的手？

落落红尘，有你相伴。不管是亲人还是朋友，带着一颗向善的心，所有的遇见都是美好。

人海中和你相遇便是一生的温暖，你给我一次拔刀相助，我就许你一个盛世太平。

清欢渐远，浅笑安然，一心向善，永不过期。